Vue.js前端开发

快速入门与专业应用

陈陆扬 著

人民邮电出版社
北京

图书在版编目（CIP）数据

Vue.js前端开发快速入门与专业应用 / 陈陆扬著
. -- 北京 : 人民邮电出版社, 2017.2（2022.2重印）
ISBN 978-7-115-44493-6

Ⅰ. ①V… Ⅱ. ①陈… Ⅲ. ①三维动画软件 Ⅳ.
①TP391.414

中国版本图书馆CIP数据核字(2017)第004640号

内 容 提 要

本书主要介绍 Vue.js 的使用方法和在实际项目中的运用，它既可以在一个页面中单独使用，也可以将整站都构建成单页面应用。为了便于理解，本书会从传统的开发角度切入，先从数据渲染、事件绑定等方面介绍在 Vue.js 中的使用方法，然后渐进到 Vue.js 自身的特性，例如数据绑定、过滤器、指令以及最重要的组件部分。除了框架用法外，本书还介绍了和 Vue.js 相关的重要插件和构建工具，这些工具有助于帮助用户构建一个完整的单页面应用，而不仅仅是停留在个人 DEMO 阶段的试验品。而对于复杂项目，Vue.js 也提供了对应的状态管理工具 Vuex，降低项目的开发和维护成本。鉴于完稿前，Vue.js 2.0 已正式发布完毕，本书也在相关用法上对比了 1.0 和 2.0 的区别，并补充了 render 函数和服务端渲染等特性。

本书适用于尚未接触过 MVVM 类前端框架的开发者，或者初步接触 Vue.js 的开发者，以及实际应用 Vue.js 开发项目的开发者。

◆ 著　　　陈陆扬
责任编辑　赵　轩
责任印制　焦志炜

◆ 人民邮电出版社出版发行　　北京市丰台区成寿寺路 11 号
邮编　100164　　电子邮件　315@ptpress.com.cn
网址　http://www.ptpress.com.cn
固安县铭成印刷有限公司印刷

◆ 开本：720×960　1/16
印张：12.75　　　　2017 年 2 月第 1 版
字数：299 千字　　　2022 年 2 月河北第 27 次印刷

定价：45.00 元

读者服务热线：(010)81055410　印装质量热线：(010)81055316
反盗版热线：(010)81055315

前言

PREFACE

近年来，前端框架的发展依旧火热，新的框架和名词依旧不停地出现在开发者眼前，而且开发模式也产生了一定的变化。目前来看，前端 MVVM 框架的出现给开发者带来了不小的便利，其中的代表就有 Angular.js、React.js 以及本书中将要介绍的 Vue.js。这些框架的产生使得开发者能从过去手动维护 DOM 状态的繁琐操作中解脱出来，尽可能地让 DOM 的更新操作是自动的，状态变化的时候就自动更新到正确的状态。不过，新框架的引入不可避免的就是学习成本的增加以及框架普及性的问题，相对于 Angular.js 和 React.js 而言，Vue.js 的学习曲线则比较平稳，上手比较简单，并且配合自身插件能。目前在 GitHub 上已经获得了超过 30000 的 star，成为了时下无论从实用性还是普遍性来说都是可靠的 MVVM 框架选择之一。

首次听说 Vue.js 的时候，都是介绍说体积小、适合移动端、使用简单，等等。但一开始对于新框架我一直持观望态度，毕竟前端框架更新太快，而且这又是个个人项目，仅由作者尤雨溪一人维护，不像 Angular.js 和 React.js 那样有公司支持。后来为了解决一个移动端的项目，我才正式接触了 Vue.js。由于项目本身天然存在组件这个概念，并且需要在手机上运行，调研后觉得应该没有比 Vue.js 更适合的工具了。在使用过程中，逐渐体会到了 Vue.js 的便利，数据绑定及组件系统对于提高开发效率和代码复用性来说都有相当大的帮助，并且初期对线上项目使用这种新框架的顾虑也渐渐消除了，即使随着后期复杂度的增加也并没有对项目的开发和维护成本造成影响。

本书主要从我自身的学习和开发经验出发，介绍了 Vue.js 的基础用法和特性，包括 Vue.js 的一些插件用法，用于解决客户端路由和大规模状态管理，以及打包发布等构建工具，便于正式用于线上环境。

最后，感谢 Vue.js 作者尤雨溪先生为前端开发者提供了这款优秀的框架，使得开发者能够更好地应对项目复杂度；也感谢人民邮电出版社的大力支持，写书的过程的确对人是一种折磨和考验；最后感谢每天早上 4 点多就开始叫我起床的两只猫，它们对本书的进度的确起到了很好的推动作用。

前言

目录

CONTENTS

第10章 跨平台开发：Weex

第11章 Vue.js 2.0新特性

第 1 章 Vue.js简介

近几年，互联网前端行业发展得依旧迅猛，涌现出了很多优秀的框架，同时这些框架也正在逐渐改变我们传统的前端开发方式。Google 的 AngularJS、Facebook 的 ReactJS，这些前端 MVC（MVVM）框架的出现和组件化开发的普及和规范化，既改变了原有的开发思维和方式，也使得前端开发者加快脚步，更新自己的知识结构。2014 年 2 月，原 Google 员工尤雨溪公开发布了自己的前端库——Vue.js，时至今日，Vue.js 在 GitHub 上已经收获超过 30000star，而且也有越来越多的开发者在实际的生产环境中运用它。

本书主要以 Vue.js 1.0.26 版本为基准进行说明，Vue.js 2.0 版本与之不同的地方，会在对应章节中说明。

1.1 Vue.js是什么

单独来讲，Vue.js 被定义成一个用来开发 Web 界面的前端库，是个非常轻量级的工具。Vue.js 本身具有响应式编程和组件化的特点。

所谓响应式编程，即为保持状态和视图的同步，这个在大多数前端 MV*（MVC/MVVM/MVW）框架，不管是早期的 backbone.js 还是现在 AngularJS 都对这一特性进行了实现（也称之为数据绑定），但这几者的实现方式和使用方式都不相同。相比而言，Vue.js 使用起来更为简单，也无需引入太多的新概念，声明实例 new Vue({ data : data }) 后自然对 data 里面的数据进行了视图上的绑定。修改 data 的数据，视图中对应数据也会随之更改。

Vue.js 的组件化理念和 ReactJS 异曲同工——“一切都是组件”，可以将任意封装好的代码注册成标签，例如：Vue.component('example', Example)，可以在模板中以 <example></example> 的形式调用。如果组件抽象得合理，这在很大程度上能减少重复开发，而且配合 Vue.js 的周边工具 vue-loader，我们可以将一个组件的 CSS、HTML 和 js 都写在一个文件里，做到模块化的开发。

除此之外，Vue.js 也可以和一些周边工具配合起来，例如 vue-router 和 vue-resource，支持了路由和异步请求，这样就满足了开发单页面应用的基本条件。

1.2　为什么要用Vue.js

相比较 Angularjs 和 ReactJS，Vue.js 一直以轻量级，易上手被称道。MVVM 的开发模式也使前端从原先的 DOM 操作中解放出来，我们不再需要在维护视图和数据的统一上花大量的时间，只需要关注于 data 的变化，代码变得更加容易维护。虽然社区和插件并没有一些老牌的开源项目那么丰富，但满足日常的开发是没有问题的。Vue.js 2.0 也已经发布了 beta 版本，渲染层基于一个轻量级的 virtual-DOM 实现，在大多数场景下初始化渲染速度和内存消耗都提升了 2~4 倍。而阿里也开源了 weex（可以理解成 ReactJS-Native 和 ReactJS 的关系），这也意味着 Vue.js 在移动端有了更多的可能性。

不过，对于为什么要选择使用一个框架，都需要建立在一定的项目基础上。如果脱离实际项目情况我们来谈某个框架的优劣，以及是否采用这种框架，我觉得是不够严谨的。

作为新兴的前端框架，Vue.js 也抛弃了对 IE8 的支持，在移动端支持到 Android 4.2+ 和 iOS 7+。所以如果你在一家比较传统，还需要支持 IE6 的公司的话，你或许就可以考虑其他的解决方案了（或者说服你的老板）。另外，在传统的前后端混合（通过后端模板引擎渲染）的项目中，Vue.js 也会受到一定的限制，Vue 实例只能和后端模板文件混合在一起，获取的数据也需要依赖于后端的渲染，这在处理一些 JSON 对象和数组的时候会有些麻烦。

理想状态下，我们能直接在前后端分离的新项目中使用 Vue.js 最合适。这能最大程度上发挥 Vue.js 的优势和特性，熟悉后能极大的提升我们的开发效率以及代码的复用率。尤其是移动浏览器上，Vue.js 压缩后只有 18KB，而且没有其他的依赖。

1.3　Vue.js的Hello world

现在来看一下我们第一个 Vue.js 项目，按照传统，我们来写一个 Hello World。

首先，引入 Vue.js 的方式有很多，你可以采用直接使用 CDN，例如：

```
<script src='http://cdnjs.cloudflare.com/ajax/libs/vue/1.0.26/vue.min.js'></script>
```

也可以通过 NPM 进行安装：

```
npm install vue // 最新稳定版本
```

正确引入 Vue.js 之后，我们在 HTML 文件中的内容为：

```
<div id="#app">
```

```
  <h1>{{message}}</h1>
</div>
```

应用的 js 如下：

```
var vm = new Vue({
  el : '#app',
  data: {
    message : 'Hello world, I am Vue.js'
  }
});
```

输出结果为：

Hello world, I am Vue.js

这种形式类似于前端模板引擎，我们把 js 中 message 值替换了 HTML 模板中 {{message}} 这部分。

不过，如果仅仅是这样的例子，我相信你也不会有什么兴趣去使用 Vue.js。根据上文对 Vue.js 的说明，我们继续写两个有关于它特性的例子。

第一个特性是数据绑定，我们可以在运行上述例子的浏览器控制台（console）环境中输入 vm.message = 'Hello Vue.js'，输出结果就变为了 Hello Vue.js。也就说明 vm.message 和视图中的 {{message}} 是绑定的，我们无需手动去获取 <h1> 标签来修改里面的 innerHTML。

同样，我们也可以绑定用户输入的数据，视图会随着用户的输入而变化，例如：

```
<div id="app">
  <h1>Your input is {{ message }}</h1>
  <input type="text" v-model="message">
</div>
```

Your input is Hello, World

Hello, World

vm.message 的值会随着用户在 input 中输入的值的变化而变化，而无需我们手动去获取 DOM 元素的值再同步到 js 中。

第二个特性是组件化，简单来说我们可以自己定义 HTML 标签，并在模板中使用它，例如：

```
<div id="app">
```

```
  <message content='Hello World'></message>
</div>
<script type="text/javascript">
  var Message = Vue.extend({
    props : ['content'],
    template : '<h1>{{content}}</h1>'
  })
  Vue.component('message', Message);
  var vm = new Vue({
    el : '#app',
  });
</script>
```

我们在浏览器里最终看到的 HTML 结果为：

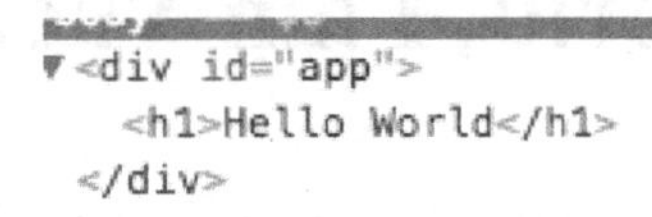

可以看到自定义的标签 <message> 被替换成了 <h1>Hello World</h1>，当然，实际中的组件化远比示例复杂，我们会给组件添加参数及方法，使之能更好地被复用。

如果说这几个例子引起了你对 Vue.js 的兴趣的话，那接下来我们就会详细地说明它的基础用法和应用场景，以及最终我们如何将它真实地运用到生产环境中。

第2章 基础特性

其实，无论前端框架如何变化，它需要处理的事情依旧是模板渲染、事件绑定、处理用户交互（输入信息或鼠标操作），只不过提供了不同的写法和理念。Vue.js 则会通过声明一个实例 new Vue({…}) 标记当前页面的 HTML 结构、数据的展示及相关事件的绑定。本章主要介绍 Vue.js 的构造函数的选项对象及用法，以及如何通过 Vue.js 来实现上述的常规前端功能。

2.1 实例及选项

从以前的例子可以看出，Vue.js 的使用都是通过构造函数 Vue({option}) 创建一个 Vue 的实例：var vm = new Vue({})。一个 Vue 实例相当于一个 MVVM 模式中的 ViewModel，如图 2-1 所示。

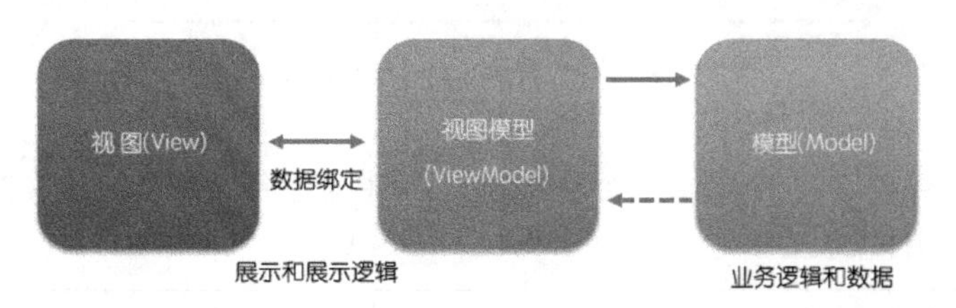

图2-1

在实例化的时候，我们可以传入一个选项对象，包含数据、模板、挂载元素、方法、生命周期钩子等选项。下面就对一些常用的选项对象属性进行具体的说明。

2.1.1 模板

选项中主要影响模板或 DOM 的选项有 el 和 template，属性 replace 和 template 需要一起使用。

el：类型为字符串，DOM 元素或函数。其作用是为实例提供挂载元素。一般来说我们会使用 css 选择符，或者原生的 DOM 元素。例如 el:'#app'。在初始项中指定了 el，实例将立即进入编译过程。

template：类型为字符串。默认会将 template 值替换挂载元素（即 el 值对应的元素），并合并挂载元素和模板根节点的属性（如果属性具有唯一性，类似 id，则以模板根节点为准）。如果 replace 为 false，模板 template 的值将插入挂载元素内。通过 template 插入模板的时候，挂载元素的内容都将被互联，除非使用 slot 进行分发（有关 slot 内容将在第 6 章组件中介绍）。在使用 template 时，我们往往不会把所有的 HTML 字符串直接写在 js 里面，这样影响可读性而且也不利于维护。所以经常用 '#tpl' 的方式赋值，并且在 body 内容添加 <script id="tpl" type="x-template"> 为标签包含的 HTML 内容，这样就能将 HTML 从 js 中分离开来，示例如下：

```
<div id="app">
  <p>123</p>
</div>
<script id="tpl" type="x-template">
  <div class='tpl'>
    <p>This is a tpl from script tag</p>
  </div>
</script>
<script type="text/javascript">
  var vm = new Vue({
    el : '#app',
    template : '#tpl'
  });
</script>
```

最终输出 HTML 结构为：

```
▼<div class="tpl" id="app">
    <p>This is a tpl from script tag</p>
  </div>
```

Vue.js 2.0 中废除了 replace 这个参数，并且强制要求每一个 Vue.js 实例需要有一个根元素，即不允许组件模板为：

```
<script id="tpl" type="x-template">
  <div class='tpl'>
    …
  </div>
```

```
  <div class='tpl'>
    …
  </div>
</script>
```

这样的兄弟节点为根节点的模板形式，需要改写成：

```
<script id="tpl" type="x-template">
  <div class='wrapper'>
    <div class='tpl'>
      …
    </div>
    <div class='tpl'>
      …
    </div>
  </div>
</script>
```

2.1.2 数据

Vue.js 实例中可以通过 data 属性定义数据，这些数据可以在实例对应的模板中进行绑定并使用。需要注意的是，如果传入 data 的是一个对象，Vue 实例会代理起 data 对象里的所有属性，而不会对传入的对象进行深拷贝。另外，我们也可以引用 Vue 实例 vm 中的 $data 来获取声明的数据，例如：

```
var data = { a: 1 }
var vm = new Vue({
  data: data
})
vm.$data === data // -> true
vm.a === data.a // -> true
// 设置属性也会影响到原始数据
vm.a = 2
data.a // -> 2
// 反之亦然
data.a = 3
vm.a // -> 3
```

然后在模板中使用 {{a}} 就会输出 vm.a 的值，并且修改 vm.a 的值，模板中的值会随之改变，我们也会称这个数据为响应式（responsive）数据（具体的用法和特性会在第 2.2 节的数据绑定中说明）。

需要注意的是，只有初始化时传入的对象才是响应式的，即在声明完实例后，再加上一句 vm.$data.b = '2'，并在模板中使用 {{b}}，这时是不会输出字符串 '2' 的。例如：

```
<div id="app">
```

```
  <p>{{a}}</p>
  <p>{{b}}</p>
</div>
var vm = new Vue({
  el : '#app',
  data : {
    a : 1
  }
});
vm.$data.b = 2;
```

如果需要在实例化之后加入响应式变量，需要调用实例方法 $set，例如：

```
vm.$set('b', 2);
```

不过 Vue.js 并不推荐这么做，这样会抛出一个异常：

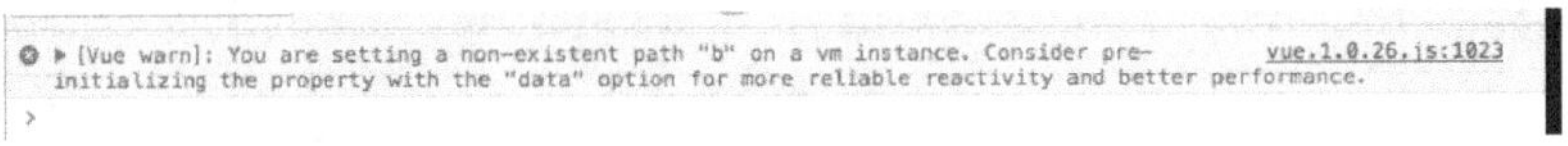

```
[Vue warn]: You are setting a non-existent path "b" on a vm instance. Consider pre-    vue.1.0.26.js:1023
initializing the property with the "data" option for more reliable reactivity and better performance.
>
```

所以，我们应尽量在初始化的时候，把所有的变量都设定好，如果没有值，也可以用 undefined 或 null 占位。

另外，组件类型的实例可以通过 props 获取数据，同 data 一样，也需要在初始化时预设好。示例：

```
<my-component title='myTitle' content='myContent'></my-component>
var myComponent = Vue.component('my-component', {
  props : ['title', 'content'],
  template : '<h1>{{title}}</h1><p>{{content}}</p>'
})
```

我们也可以在上述组件类型实例中同时使用 data，但有两个地方需要注意：① data 的值必须是一个函数，并且返回值不是原始对象。如果传给组件的 data 是一个原始对象的话，则在建立多个组件实例时它们就会共用这个 data 对象，修改其中一个组件实例的数据就会影响到其他组件实例的数据，这显然不是我们所期望的。② data 中的属性和 props 中的不能重名。这两者均会抛出异常：

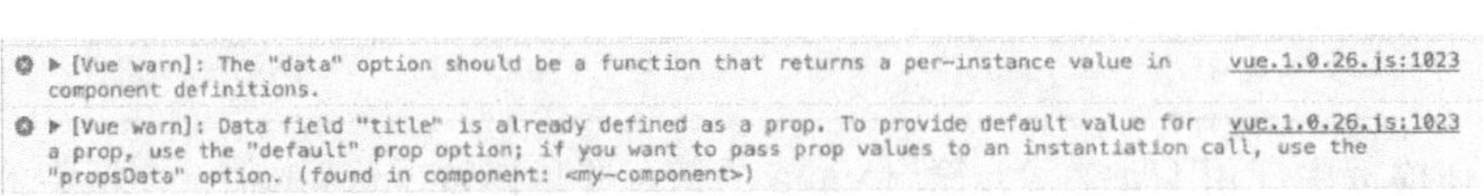

```
[Vue warn]: The "data" option should be a function that returns a per-instance value in    vue.1.0.26.js:1023
component definitions.
[Vue warn]: Data field "title" is already defined as a prop. To provide default value for    vue.1.0.26.js:1023
a prop, use the "default" prop option; if you want to pass prop values to an instantiation call, use the
"propsData" option. (found in component: <my-component>)
```

所以正确的使用方法如下：

```
var MyComponent = Vue.component('my-component', {
  props : ['title', 'content'],
  data : function() {
    return {
```

```
        desc : '123'
      }
    },
    template : '<div> \
        <h1>{{title}}</h1> \
        <p>{{content}}</p> \
        <p>{{desc}}</p> \
      </div>'
})
```

2.1.3 方法

我们可以通过选项属性 methods 对象来定义方法，并且使用 v-on 指令来监听 DOM 事件，例如：

```
<button v-on:click="alert"/>alert</button>
new Vue({
  el : '#app',
  data : { a : 1},
  methods : {
    alert : function() {
       alert(this.a);
    }
  }
});
```

另外，Vue.js 实例也支持自定义事件，可以在初始化时传入 events 对象，通过实例的 $emit 方法进行触发。这套通信机制常用在组件间相互通信的情况中，例如子组件冒泡触发父组件事件方法，或者父组件广播某个事件，子组件对其进行监听等。这里先简单说明下用法，详细的情况将会在第 6 章组件中进行说明。

```
var vm = new Vue({
  el : '#app',
  data : data,
  events : {
    'event.alert' : function() {
      alert('this is event alert :' + this.a);
    }
  }
});
vm.$emit('event.alert');
```

而 Vue.js 2.0 中废弃了 events 选项属性，不再支持事件广播这类特性，推荐直接使用 Vue 实例的全局方法 $on()/$emit()，或者使用插件 Vuex 来处理。

2.1.4　生命周期

Vue.js 实例在创建时有一系列的初始化步骤，例如建立数据观察，编译模板，创建数据绑定等。在此过程中，我们可以通过一些定义好的生命周期钩子函数来运行业务逻辑。例如：

```
var vm = new Vue({
  data: {
    a: 1
  },
  created: function () {
    console.log('created')
  }
})
```

运行上述例子时，浏览器 console 中就会打印出 created。

下图是实例的生命周期，可以根据提供的生命周期钩子说明 Vue.js 实例各个阶段的情况，Vue.js 2.0 对不少钩子进行了修改，以下一并说明。

Vue.js 实例生命周期（原图出自于 Vue.js 官网），如图 2-2 所示。

init：在实例开始初始化时同步调用。此时数据观测、事件等都尚未初始化。2.0 中更名为 beforeCreate。

created：在实例创建之后调用。此时已完成数据绑定、事件方法，但尚未开始 DOM 编译，即未挂载到 document 中。

beforeCompile：在 DOM 编译前调用。2.0 废弃了该方法，推荐使用 created。

beforeMount：2.0 新增的生命周期钩子，在 mounted 之前运行。

compiled：在编译结束时调用。此时所有指令已生效，数据变化已能触发 DOM 更新，但不保证 $el 已插入文档。2.0 中更名为 mounted。

ready：在编译结束和 $el 第一次插入文档之后调用。2.0 废弃了该方法，推荐使用 mounted。这个变化其实已经改变了 ready 这个生命周期状态，相当于取消了在 $el 首次插入文档后的钩子函数。

attached：在 vm.$el 插入 DOM 时调用，ready 会在第一次 attached 后调用。操作 $el 必须使用指令或实例方法（例如 $appendTo()），直接操作 vm.$el 不会触发这个钩子。2.0 废弃了该方法，推荐在其他钩子中自定义方法检查是否已挂载。

detached：同 attached 类似，该钩子在 vm.$el 从 DOM 删除时调用，而且必须是指令或实例方法。2.0 中同样废弃了该方法。

beforeDestroy：在开始销毁实例时调用，此刻实例仍然有效。

destroyed：在实例被销毁之后调用。此时所有绑定和实例指令都已经解绑，子实例也被销毁。

beforeUpdate：2.0 新增的生命周期钩子，在实例挂载之后，再次更新实例（例如更新 data）时会调用该方法，此时尚未更新 DOM 结构。

updated：2.0 新增的生命周期钩子，在实例挂载之后，再次更新实例并更新完 DOM 结构后调用。

activated：2.0 新增的生命周期钩子，需要配合动态组件 keep-live 属性使用。在动态组件初始化渲染的过程中调用该方法。

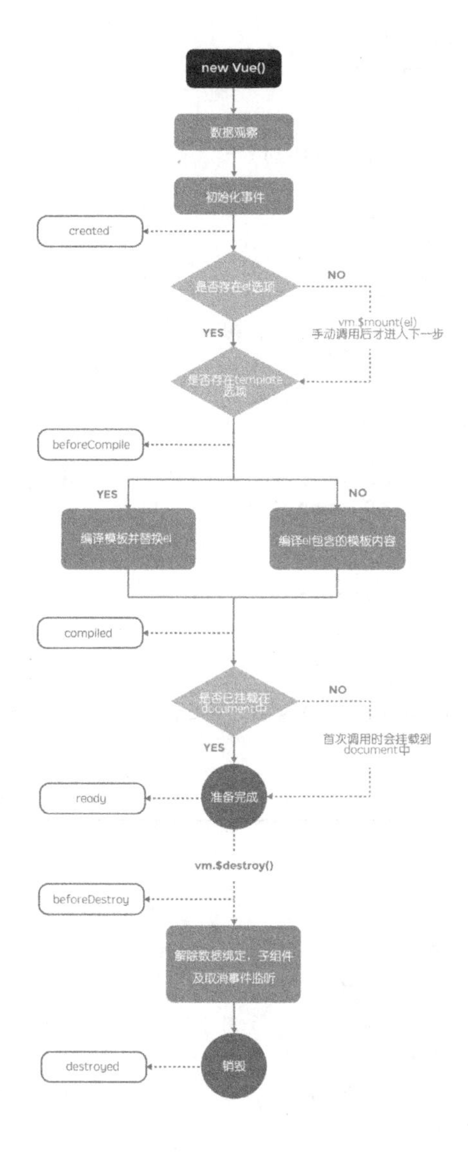

图2-2

deactivated：2.0 新增的生命周期钩子，需要配合动态组件 keep-live 属性使用。在动态组件移出的过程中调用该方法。

可以通过写一个简单的 demo 来更清楚地了解内部的运行机制，代码如下：

```
var vm = new Vue({
  el : '#app',
  init: function() {
    console.log('init');
  },
```

```
    created: function() {
      console.log('created');
    },
    beforeCompile: function() {
      console.log('beforeCompile');
    },
    compiled: function() {
      console.log('compiled');
    },
    attached: function() {
      console.log('attached');
    },
    dettached: function() {
      console.log('dettached');
    },
    beforeDestroy: function() {
      console.log('beforeDestroy');
    },
    destroyed: function() {
      console.log('destroyed');
    },
    ready: function() {
      console.log('ready');
      // 组件完成后调用 $destory() 函数，进行销毁
      this.$destroy();
    }
  });
```

输出结果为：

```
init
created
beforeCompile
compiled
attached
ready
beforeDestroy
destroyed
>
```

2.2 数据绑定

Vue.js 作为数据驱动视图的框架，我们首先要知道的就是如何将数据在视图中展示出来，传统的 Web 项目中，这一过程往往是通过后端模板引擎来进行数据和视图的渲染，例如 PHP 的 smarty，Java 的 velocity 和 freemarker。但这样导致的情况是前后端语法会交杂在一起，前端 HTML 文件中需要包含后端模板引擎的语法，而且渲染完成后如果需要再次修改视

图，就只能通过获取DOM的方法进行修改，并手动维持数据和视图的一致。而Vue.js的核心是一个响应式的数据绑定系统，建立绑定后，DOM将和数据保持同步，这样就无需手动维护DOM，使代码能够更加简洁易懂、提升效率。

2.2.1 数据绑定语法

本小节主要介绍Vue.js的数据绑定语法，出现的例子会基于以下js代码：

```
var vm = new Vue({
  el : '#app',
  data: {
    id : 1,
    index : 0,
    name : 'Vue',
    avatar : 'http://……'
    count : [1, 2, 3, 4, 5],
    names : ['Vue1.0', 'Vue2.0'],
    items : [
      { name : 'Vue1.0', version : '1.0' },
      { name : 'Vue1.1', version : '1.0' }
    ]
  }
});
```

1. 文本插值

数据绑定最基础的形式就是文本插值，使用的是双大括号标签{{}}，为“Mustache”语法（源自前端模板引擎Mustache.js），示例如下：

```
<span>Hello {{ name }}</span> // -> Hello Vue
```

Vue.js实例vm中name属性的值将会替换Mustache标签中的name，并且修改数据对象中的name属性，DOM也会随之更新。在浏览器console中运行vm.name = 'Vue 1.0'，输出结果为Hello Vue 1.0。

模板语法同时也支持单次插值，即首次赋值后再更改vm实例属性值不会引起DOM变化，例如以下模板在运行vm.name = 'Vue 1.0'后，依旧会输出Hello Vue：

```
<span>Hello {{* name }} </span> // -> Hello Vue
```

Vue.js 2.0去除了{{*}}这种写法，采用v-once代替。以上模板需要改写为<span v-once>{{name}}</span>。

2. HTML属性

Mustache标签也同样适用于HTML属性中，例如：

```
<div id="id-{{id}}"></div>  // <div id="id-1"></div>
```

Vue.js 2.0中废弃了这种写法，用v-bind指令代替，<div v-bind:id="'id-' + id"/></div>代替，或简写为<div :id="'id-' + id"></div>

3. 绑定表达式

放在 Mustache 标签内的文本内容称为绑定表达式。除了直接输出属性值之外，一段绑定表达式可以由一个简单的 JavaScript 表达式和可选的一个或多个过滤器构成。例如：

```
{{ index + 1 }}  // 1
{{ index == 0 ? 'a' : 'b'}} // a
{{ name.split('').join('|') }}  // V|u|e
```

每个绑定中只能包含单个表达式，并不支持 JavaScript 语句，否则 Vue.js 就会抛出 warning 异常。并且绑定表达式里不支持正则表达式，如果需要进行复杂的转换，可以使用过滤器或者计算属性来进行处理，以下的例子即为无效的表达式：

```
{{ var a = 1 }}     // 无效
{{ if (ok) { return name } }} // 无效，但可以写成 ok ? name : '' 或者 ok && name 这样的写法
```

Vue.js 绑定表达式 warning：

```
[Vue warn]: Avoid using reserved keywords in expression: var a = 1                vue.1.0.26.js:1023
[Vue warn]: Avoid using reserved keywords in expression: if(index == 0) return name    vue.1.0.26.js:1023
[Vue warn]: Invalid expression. Generated function body:  scope.if(scope.index==0)scope.returnname    vue.1.0.26.js:1023
```

4. 过滤器

Vue.js 允许在表达式后添加可选的过滤器，以管道符“|”指示。示例：

```
{{ name | uppercase }} // VUE
```

Vue.js 将 name 的值传入给 uppercase 这个内置的过滤器中（本质是一个函数），返回字符串的大写值。同时也允许多个过滤器链式使用，例如：

```
{{ name | filterA | filterB }}
```

也允许传入多个参数，例如：

```
{{ name | filterA arg1 arg2}}
```

此时，filterA 将 name 的值做为第一个参数，arg1，arg2 做为第二、第三个参数传入过滤器函数中。最终函数的返回值即为输出结果。arg1，arg2 可以使用表达式，也可以加上单引号，直接传入字符串。例如：

```
{{ name.split('') | limitBy 3 1 }} // ->u,e
```

过滤器 limitBy 可以接受两个参数，第一个参数是设置显示个数，第二个参数为可选，指从开始元素的数组下标。

Vue.js 内置了 10 个过滤器，下面简单介绍它们的功能和用法。

① capitalize：字符串首字符转化成大写

② uppercase：字符串转化成大写

③ lowercase：字符串转化成小写

④ currency 参数为{String}[货币符号] ,{Number} [小数位]，将数字转化成货币符号，并且会自动添加数字分节号。例如：

```
{{ amount | currency '¥' 2 }} // -> 若 amount 值为 10000，则输出¥10,000.00
```

⑤ pluralize 参数为{String} single，[double，triple]，字符串复数化。如果接收的是一个参数，那复数形式就是在字符串末尾直接加一个“s”。如果接收多个参数，则会被当成数组处理，字符串会添加对应数组下标的值。如果字符串的个数多于参数个数，多出部分会都添加最后一个参数的值。例如：

```
<p v-for="c in count">{{ c | pluralize 'item' }}  {{ c | pluralize 'st'
'nd' 'rd' 'th' }}</p>
```

输出结果：

1item 1st

2items 2nd

3items 3rd

4items 4th

⑥ json 参数为{Number}[indent] 空格缩进数，与 JSON.stringify() 作用相同，将 json 对象数据输出成符合 json 格式的字符串。

⑦ debounce 传入值必须是函数，参数可选，为{Number}[wait]，即延时时长。作用是当调用函数 n 毫秒后，才会执行该动作，若在这 n 毫秒内又调用此动作则将重新计算执行时间。例如：

```
<input v-on:keyup ="onKeyup | debounce 500"> // input 元素上监听了 keyup 事件，
并且延迟 500ms 触发
```

⑧ limitBy 传入值必须是数组，参数为{Number}limit，{Number}[offset]，limit 为显示个数，offset 为开始显示数组下标。例如：

```
<div v-for="item in items | limitBy 10"></div>  // items 为数组，且只显示数
组中的前十个元素
```

⑨ filterBy 传入值必须是数组，参数为{String | Function} targetStringOrFunction，即需要匹配的字符串或函数（通过函数返回值为 true 或 false 来判断匹配结果）；“in”（可选分隔符）；{String}[…searchKeys]，为检索的属性区域。示例：

```
<p v-for="name in names | filterBy '1.0'">{{name}}</p>  // 检索 items 数组中
值包含 1.0 的元素
<p v-for="item in items | filterBy '1.0' in 'name'">{{ item | json}}</p>
// 检索 items 数组中元素属性 name 值为 1.0 的元素输出。检索区域也可以为数组，即 in [name,
version]，在多个属性中进行检索
```

上述两个例子的输出结果为：

Vue1.0

{ "name": "Vue1.0", "version": "1.0" }

```
<p v-for="item in items | filterBy customFilter">{{ item | json}}</p> //
使用自定义的过滤函数，函数可以在选项 methods 中定义
methods : {
  customFilter : function(item) {
    if(item.name) return true  // 检索所有元素中包含 name 属性的元素
  }
}
```

⑩ orderBy 传入值必须是数组，参数为 {String|Array|Function}sortKeys，即指定排序策略。这里可以使用单个键名，也可以传入包含多个排序键名的数组。也可以像 Array.Sort() 那样传入自己的排序策略函数。第二个参数为可选参数 {String}[order]，即选择升序或降序，order>=0 为升序，order<0 为降序。下面以三种不同的参数例子来说明具体的用法：

```
单个键名：<p v-for="item in items | orderBy 'name' -1">{{item.name}}</p>
// items 数组中以键名 name 进行降序排列
多个键名：<p v-for="item in items | orderBy [name,version] ">{{item.name}}</p> //
使用 items 里的两个键名进行排序
自定义排序函数 : <p v-for="item in items | orderBy customOrder">{{item.name}}
</p>
methods: {
  customOrder: function (a, b) {
    return parseFloat(a.version) > parseFloat(b.version)  // 对比 item 中
version 的值的大小进行排序
  }
}
```

需要注意的是，Vue.js 2.0 中已经去除了内置的过滤器，但也不用担心，我们会在第 4 章中详细说明过滤器的用法，以及如何声明自定义过滤器。而且 Vue.js 的社区中本身就有优秀的开源过滤器，比如处理时间的 moment.js，和货币格式化处理的 account.js，我们会在第 8 章中说明如何使用 Vue.js 的插件。

5. 指令

Vue.js 也提供指令（Directives）这一概念，可以理解为当表达式的值发生改变时，会有些特殊行为作用到绑定的 DOM 上。指令通常会直接书写在模板的 HTML 元素中，而为了有别于普通的属性，Vue.js 指令是带有前缀的 v- 的属性。写法上来说，指令的值限定为绑定表达式，所以上述提到的 JavaScript 表达式及过滤器规则在这里也适用。本书会在第 3 章中详细讲述指令及自定义指令的作用。本节先简单介绍指令绑定数据和事件的语法。

① 参数

```
<img v-bind:src="avatar" />
```

指令 v-bind 可以在后面带一个参数，用冒号（:）隔开，src 即为参数。此时 img 标签中的 src 会与 vm 实例中的 avatar 绑定，等同于：

```
<img src="{{avatar}}" />
```

② 修饰符

修饰符（Modifiers）是以半角句号 . 开始的特殊后缀，用于表示指令应该以特殊方式绑定。

```
<button v-on:click.stop="doClick"></button>
```

v-on 的作用是在对应的 DOM 元素上绑定事件监听器，doClick 为函数名，而 stop 即为修饰符，作用是停止冒泡，相当于调用了 e. stopPropagation()。

2.2.2 计算属性

在项目开发中，我们展示的数据往往需要经过一些处理。除了在模板中绑定表达式或者利用过滤器外，Vue.js 还提供了计算属性这种方法，避免在模板中加入过重的业务逻辑，保证模板的结构清晰和可维护性。

1. 基础例子

```
var vm = new Vue({
  el : '#app,
  data: {
    firstName : 'Gavin',
    lastName: 'CLY'
  }
  computed : {
    fullName : function() {
      // this 指向 vm 实例
      return this.firstName + ' ' + this.lastName
    }
  }
});

<p>{{ firstName }}</p> // Gavin
<p>{{ lastName }}</p> // CLY
<p>{{ fullName }}</p> // Gavin CLY
```

此时，你对 vm.firstName 和 vm.lastName 进行修改，始终会影响 vm.fullName。

2. Setter

如果说上面那个例子并没有体现出来计算属性的优势的话，那计算属性的 Setter 方法，则在更新属性时给我们带来了便利。示例：

```
var vm = new Vue({
  el : '#el',
  data: {
    cents : 100,
  }
  computed : {
    price : {
        set : function(newValue) {
          this.cents = newValue * 100;
        },
        get : function() {
          this.cents / 100).toFixed(2);
        }
    }
  }
});
```

在处理商品价格的时候，后端往往会把价钱定义成以分为单位的整型，避免在处理浮点类型数据时产生的问题。而前端则需要把价钱再转成元进行展示，而且如果需要对价钱进行修改的话，则又要把输入的价格再恢复到分传给后端，很是繁琐。

而在使用 Vue.js 的计算属性后，我们可以将 vm.cents 设置为后端所存的数据，计算属性 price 为前端展示和更新的数据。

```
<p>&yen;{{price}}</p>  // ¥1.00
```

此时更改 vm.price = 2，vm.cents 会被更新为 200，在传递给后端时无需再手动转化一遍数据。

```
All | Errors  Warnings  Info  Logs  Debug  Handled
> vm.price = 2
<· 2
> vm.cents
<· 200
> |
```

2.2.3　表单控件

Vue.js 中提供 v-model 的指令对表单元素进行双向数据绑定，在修改表单元素值的同时，实例 vm 中对应的属性值也同时更新，反之亦然。本小节会介绍主要 input 元素绑定 v-model 后的具体用法和处理方式，示例所依赖的 js 代码如下：

```
var vm = new Vue({
  el : '#app',
  data: {
    message : '',
```

```
      gender : '',
      checked : '',
      multiChecked : [],
      selected : '',
      multiSelected : []
    a:'checked',
    b:'checked'
    }
  });
```

1. Text

输入框示例，用户输入的内容和 vm.message 直接绑定：

```
<input type="text" v-model="message" />
<span>Your input is : {{ message }}</span>
```

hello Your input is : hello

2. Radio

单选框示例：

```
<label><input type="radio" value="male" v-model="gender "> 男 </lable>
<label><input type="radio" value="female" v-model="gender "> 女 </lable>
<p>{{ gender }}</p>
```

gender 值即为选中的 radio 元素的 value 值。

男 女 male

3. Checkbox

Checkbox 分两种情况：单个勾选框和多个勾选框。

单个勾选框，v-model 即为布尔值，此时 input 的 value 并不影响 v-model 的值。

```
<input type="checkbox" v-model="checked" />
<span>checked : {{ checked }}</span>
```

checked : true

多个勾选框，v-model 使用相同的属性名称，且属性为数组。

```
<label><input type="checkbox" value="1" v-model=" multiChecked">1</lable>
<label><input type="checkbox" value="2" v-model=" multiChecked">2</lable>
<label><input type="checkbox" value="3" v-model=" multiChecked">3</lable>
<p>MultiChecked: {{ multiChecked.join('|') }}</p>
```

1 2 3

MultiChecked: 1|2

4. Select

同 Checkbox 元素一样，Select 也分单选和多选两种，多选的时候也需要绑定到一个数组。

单选：

```
<select v-model="selected">
  <option selected>A</option>
  <option>B</option>
  <option>C</option>
</select>
<span>Selected: {{ selected }}</span>
```

多选：

```
<select v-model="multiSelected" multiple>
  <option selected>A</option>
  <option>B</option>
  <option>C</option>
</select>
<br>
<span>MultiSelected: {{ multiSelected.join('|') }}</span>
```

A Selected: A

MultiSelected: A|C

5. 绑定value

表单控件的值同样可以绑定在 Vue 实例的动态属性上，用 v-bind 实现。示例：

1. Checkbox

```
<input type="checkbox" v-model="checked" v-bind:true-value="a" v-bind:false-value="b">
```

选中：vm.checked == vm.a　　// -> true

未选中：vm.checked == vm.b　// -> true

2. Radio

```
<input type="radio" v-model="checked" v-bind:value="a">
```

选中 : vm.checked == vm.a　// -> true

3. Select Options

```
<select v-model="selected">
  <!-- 对象字面量 -->
  <option v-bind:value="{ number: 123 }">123</option>
</select>
```

选中：

```
typeof vm.selected //   -> 'object'
vm.selected.number // -> 123
```

6. 参数特性

Vue.js 为表单控件提供了一些参数，方便处理某些常规操作。

① lazy

默认情况下，v-model 在 input 事件中同步输入框值与数据，加 lazy 属性后会在 change 事件中同步。

```
<input v-model="query" lazy />
```

② number

会自动将用户输入转为 Number 类型，如果原值转换结果为 NaN 则返回原值。

```
<input v-model="age" number/>
```

③ debounce

debounce 为设置的最小延时，单位为 ms，即为单位时间内仅执行一次数据更新。该参数往往应用在高耗操作上，例如在更新时发出 ajax 请求返回提示信息。

```
<input v-model="query" debounce="500" />
```

不过 Vue.js 2.0 中取消了 lazy 和 number 作为参数，用修饰符（modifier）来代替：

```
<input v-model.lazy="query" />  <input v-model.number="age" />
```

新增了 trim 修饰符，去掉输入值首尾空格：

```
<input v-model.trim="name" />
```

去除了 debounce 这个参数，原因是无法监测到输入新数据，但尚未同步到 vm 实例属性时这个状态。如果仍有需要，官方提供了手动实现的例子 https://jsbin.com/zefawu/3/edit?html,output。

2.2.4 Class与Style绑定

在开发过程中，我们经常会遇到动态添加类名或直接修改内联样式（例如 tab 切换）。class 和 style 都是 DOM 元素的 attribute，我们当然可以直接使用 v-bind 对这两个属性进行数据绑定，例如 <p v-bind:style='style'><p>，然后通过修改 vm.style 的值对元素样式进行修改。但这样未免过于繁琐而且容易出错，所以 Vue.js 为这两个属性单独做了增强处理，表达式的结果类型除了字符串之外，还可以是对象和数组。本小节就会对这两个属性具体的用法进行说明。

1. Class绑定

首先说明的是 class 属性，我们绑定的数据可以是对象和数组，具体的语法如下：

① 对象语法：v-bind:class 接受参数是一个对象，而且可以与普通的 class 属性共存。

```
<div class="tab" v-bind:class="{'active' : active , 'unactive' : !active}">
</div>
vm 实例中需要包含
  data : {
    active : true
  }
```

渲染结果为：<div class="tab active"></div>

② 数组语法：v-bind:class 也接受数组作为参数。

```
<div v-bind:class="[classA, classB]"></div>
vm 实例中需要包含
  data : {
    classA : 'class-a',
    classB : 'class-b'
  }
```

渲染结果为：<div class="class-a class-b"></div>。

也可以使用三元表达式切换数组中的 class，<div v-bind:class="[classA，isB ? classB : '']"></div>。如果 vm.isB = false，则渲染结果为 <div v-bind:class="class-a"></div>。

2. 内联样式绑定

style 属性绑定的数据即为内联样式，同样具有对象和数组两种形式：

① 对象语法：直接绑定符合样式格式的对象。

```
<div v-bind:style="alertStyle"></div>
data : {
   alertStyle : {
       color : 'red',
       fontSize : '20px'
   }
}
```

除了直接绑定对象外，也可以绑定单个属性或直接使用字符串。

```
<div v-bind:style="{ fontSize : alertStyle.fontSize, color : 'red'}"></div>
```

② 数组语法：v-bind:style 允许将多个样式对象绑定到统一元素上。

```
<div v-bind:style="[ styleObjectA, styleObjectB]" .></div>
```

3. 自动添加前缀

在使用 transform 这类属性时，v-bind:style 会根据需要自动添加厂商前缀。:style 在运行时进行前缀探测，如果浏览器版本本身就支持不加前缀的 css 属性，那就不会添加。

2.3 模板渲染

当获取到后端数据后，我们会把它按照一定的规则加载到写好的模板中，输出成在浏览器中显示的 HTML，这个过程就称之为渲染。而 Vue.js 是在前端（即浏览器内）进行的模板渲染。本节主要介绍 Vue.js 渲染的基本语法。

2.3.1 前后端渲染对比

早期的 Web 项目一般是在服务器端进行渲染，服务器进程从数据库获取数据后，利用后端模板引擎，甚至于直接在 HTML 模板中嵌入后端语言（例如 JSP），将数据加载进来生成 HTML，然后通过网络传输到用户的浏览器中，然后被浏览器解析成可见的页面。而前端渲染则是在浏览器里利用 JS 把数据和 HTML 模板进行组合。两种方式各有自己的优缺点，需要根据自己的业务场景来选择技术方案。

前端渲染的优点在于：

① 业务分离，后端只需要提供数据接口，前端在开发时也不需要部署对应的后端环境，通过一些代理服务器工具就能远程获取后端数据进行开发，能够提升开发效率。

② 计算量转移，原本需要后端渲染的任务转移给了前端，减轻了服务器的压力。

而后端渲染的优点在于：

① 对搜索引擎友好。

② 首页加载时间短，后端渲染加载完成后就直接显示 HTML，但前端渲染在加载完成后还需要有段 js 渲染的时间。

Vue.js 2.0 开始支持服务端渲染，从而让开发者在使用上有了更多的选择。

2.3.2 条件渲染

Vue.js 提供 v-if，v-show，v-else，v-for 这几个指令来说明模板和数据间的逻辑关系，这基本就构成了模板引擎的主要部分。下面将详细说明这几个指令的用法和场景。

1. v-if/v-else

v-if 和 v-else 的作用是根据数据值来判断是否输出该 DOM 元素，以及包含的子元素。例如：

```
<div v-if="yes">yes</div>
```

如果当前 vm 实例中包含 data.yes = true，则模板引擎将会编译这个 DOM 节点，输出 <div>yes</div>。

我们也可以利用 v-else 来配合 v-if 使用。例如：

```
<div v-if="yes">yes</div>
<div v-else>no</div>
```

需要注意的是，v-else 必须紧跟 v-if，不然该指令不起作用。例如：

```
<div v-if="yes">yes</div>
<p>the v-else div shows</p>
<div v-else>no</div>
```

最终这三个元素都会输出显示在浏览器中。

v-if 绑定的元素包含子元素则不影响和 v-else 的使用。例如：

```
<div v-if="yes">
  <div v-if="inner">inner</div>
  <div v-else>not inner</div>
</div>
<div v-else>no</div>
new Vue({
  data : {
    yes : true,
    inner : false
  }
})
```

输出结果为：

```
<div>
  <div>not inner</div>
</div>
```

2. v-show

除了 v-if，v-show 也是可以根据条件展示元素的一种指令。例如：

```
<div v-show="show">show</div>
```

也可以搭配 v-else 使用，用法和 v-if 一致。例如：

```
<div v-show="show">show</div>
<div v-else>hidden</div>
```

与 v-if 不同的是，使用 v-show 元素，无论绑定值为 true 或 false，均会渲染并保持在 DOM 中。绑定值的改变只会切换元素的 css 属性 display。例如：

```
<div v-if="show">if</div>
<div v-show="show">show</div>
```

show 分别为 true 时的结果：

```
<!-- v-if vs v-show  -->
<div>if</div>
<div>show</div>
```

show 分别为 false 时的结果：

```
<!-- v-if vs v-show  -->
<div style="display: none;">show</div>
```

3. v-if vs v-show

从上述 v-show 图能够明显看到，当 v-if 和 v-show 的条件发生变化时，v-if 引起了

dom 操作级别的变化，而 v-show 仅发生了样式的变化，从切换的角度考虑，v-show 消耗的性能要比 v-if 小。

除此之外，v-if 切换时，Vue.js 会有一个局部编译 / 卸载的过程，因为 v-if 中的模板也可能包括数据绑定或子组件。v-if 会确保条件块在切换当中适当地销毁与中间内部的事件监听器和子组件。而且 v-if 是惰性的，如果在初始条件为假时，v-if 本身什么都不会做，而 v-show 则仍会进行正常的操作，然后把 css 样式设置为 display:none。

所以，总的来说，v-if 有更高的切换消耗而 v-show 有更高的初始渲染消耗，我们需要根据实际的使用场景来选择合适的指令。

2.3.3 列表渲染

v-for 指令主要用于列表渲染，将根据接收到数组重复渲染 v-for 绑定到的 DOM 元素及内部的子元素，并且可以通过设置别名的方式，获取数组内数据渲染到节点中。例如：

```
<ul>
  <li v-for="item in items">
    <h3>{{item.title}}</h3>
    <p>{{item.description}}</p>
  </li>
</ul>
var vm = new Vue({
  el : '#app',
  data: {
    items : [
      { title : 'title-1', description : 'description-1'},
      { title : 'title-2', description : 'description-2'},
      { title : 'title-3', description : 'description-3'},
      { title : 'title-4', description : 'description-4'}
    ]
  }
});
```

其中 items 为 data 中的属性名，item 为别名，可以通过 item 来获取当前数组遍历的每个元素，输出结果为：

```
<ul>
  <li>
    <h3>title-1</h3>
    <p>description-1</p>
  </li><li>
    <h3>title-2</h3>
    <p>description-2</p>
  </li><li>
    <h3>title-3</h3>
```

```
      <p>description-3</p>
    </li><li>
      <h3>title-4</h3>
      <p>description-4</p>
    </li>
  </ul>
```

v-for 内置了 $index 变量，可以在 v-for 指令内调用，输出当前数组元素的索引。另外，我们也可以自己指定索引的别名，如 <li v-for="(index,item) in items">{{index}} - {{$index}} - {{item.title}}</li>，输出结果为：

```
<ul>
  <li>
    0 - 0 - title-1
  </li><li>
    1 - 1 - title-2
  </li><li>
    2 - 2 - title-3
  </li><li>
    3 - 3 - title-4
  </li>
</ul>
```

需要注意的是 Vue.js 对 data 中数组的原生方法进行了封装，所以在改变数组时能触发视图更新，但以下两种情况是无法触发视图更新的：

① 通过索引直接修改数组元素，例如 vm.items[0] = { title : 'title-changed'}；

② 无法直接修改“修改数组”的长度，例如：vm.items.length = 0

对于第一种情况，Vue.js 提供了 $set 方法，在修改数据的同时进行视图更新，可以写成：

vm.items.$set(0, { title : 'title-changed'} 或 者 vm.$set('items[0]', { title : 'title-also-changed '})，这两种方式皆可以达到效果。

在列表渲染的时候，有个性能方面的小技巧，如果数组中有唯一标识 id，例如：

```
items : [
  { _id : 1, title : 'title-1'},
  { _id : 2, title : 'title-2'},
  { _id : 3, title : 'title-3'}
  …
]
```

通过 trace-by 给数组设定唯一标识，我们将上述 v-for 作用于的 li 元素修改为：

```
<li v-for="item in items" track-by="_id"></li>
```

这样，Vue.js 在渲染过程中会尽量复用原有对象的作用域及 DOM 元素。

v-for 除了可以遍历数组外，也可以遍历对象，与 $index 类似，作用域内可以访问另一

内置变量 $key，也可以使用（key，value）形式自定义 key 变量。

```
<li v-for="(key, value) in objectDemo">
  {{key}} - {{$key}} : {{value}}
</li>
var vm = new Vue({
  el : '#app',
  data: {
    objectDemo : {
      a : 'a-value',
      b : 'b-value',
      c : 'c-value',
    }
  }
});
```

输出结果：

- a - a : a-value
- b - b : b-value
- c - c : c-value

最后，v-for 还可以接受单个整数，用作循环次数：

```
<li v-for="n in 5">
  {{ n }}
</li>
```

输出结果：

- 0
- 1
- 2
- 3
- 4

2.3.4 template标签用法

上述的例子中，v-show 和 v-if 指令都包含在一个根元素中，那是否有方式可以将指令作用到多个兄弟 DOM 元素上？ Vue.js 提供了 template 标签，我们可以将指令作用到这个标签上，但最后的渲染结果里不会有它。例如：

```
<template v-if="yes">
  <p>There is first dom</p>
  <p>There is second dom</p>
  <p>There is third dom</p>
```

```
</template>
```

输出结果为：

```
<!-- template -->
<p>There is first dom</p>
<p>There is second dom</p>
<p>There is third dom</p>
```

同样，template 标签也支持使用 v-for 指令，用来渲染同级的多个兄弟元素。例如：

```
<template v-for="item in items">
  <p>{{item.name}}</p>
  <p>{{item.desc}}<p>
</template>
```

2.4 事件绑定与监听

当模板渲染完成之后，就可以进行事件的绑定与监听了。Vue.js 提供了 v-on 指令用来监听 DOM 事件，通常在模板内直接使用，而不像传统方式在 js 中获取 DOM 元素，然后绑定事件。例如：

```
<button v-on:click="say">Say</button>
```

2.4.1 方法及内联语句处理器

通过 v-on 可以绑定实例选项属性 methods 中的方法作为事件的处理器，v-on: 后参数接受所有的原生事件名称。例如：

```
<button v-on:click="say">Say</button>
var vm = new Vue({
  el : '#app',
  data: {
    msg : 'Hello Vue.js'
  },
  methods : {
    say : function() {
       alert(this.msg);
    }
  }
});
```

单击 button，即可触发 say 函数，弹出 alert 框 'Hello Vue.js'。

Vue.js 也提供了 v-on 的缩写形式，我们可以将模板中的内容改写为 <button @click='say'>Say</button>，这两句语句是等价的。

除了直接绑定 methods 函数外，v-on 也支持内联 JavaScript 语句，但仅限一个语句。例如：

```
<button v-on:click="sayFrom ('from param')">Say</button>
var vm = new Vue({
  el : '#app',
  data: {
    msg : 'Hello Vue.js'
  },
  methods : {
    sayFrom: function(from) {
      alert(this.msg + '' + from);
    }
  }
});
```

在直接绑定 methods 函数和内联 JavaScript 语句时，都有可能需要获取原生 DOM 事件对象，以下两种方式都可以获取：

```
<button v-on:click="showEvent">Event</button>
<button v-on:click="showEvent($event)">showEvent</button>
<button v-on:click="showEvent()">showEvent</button> // 这样写获取不到 event
var vm = new Vue({
  el : '#app',
  methods : {
   showEvent : function(event) {
     console.log(event);
   }
  }
});
```

同一元素上也可以通过 v-on 绑定多个相同事件函数，执行顺序为顺序执行，例如：

```
<div v-on:click="sayFrom('first')" v-on:click ="sayFrom('second)">
```

2.4.2 修饰符

Vue.js 为指令 v-on 提供了多个修饰符，方便我们处理一些 DOM 事件的细节，并且修饰符可以串联使用。主要的修饰符如下。

.stop：等同于调用 event. stopPropagation()。

.prevent：等同于调用 event.preventDefault()。

.capture：使用 capture 模式添加事件监听器。

.self：只当事件是从监听元素本身触发时才触发回调。

使用方式如下：

```
<a v-on:click.stop='doThis'></a>
<form v-on:submit.prevent="onSubmit"></form> // 阻止表单默认提交事件
<form v-on:submit.stop.prevent="onSubmit"></form> // 阻止默认提交事件且阻止冒泡
```

```
<form v-on:submit.stop.prevent></form> // 也可以只有修饰符，并不绑定事件
```

可以尝试运行以下这个例子，更好地理解修饰符在其中起到的作用。

```
var vm = new Vue({
  el : '#app',
  methods : {
   saySelf(msg) {
     alert(msg);
   }
  }
});
<div v-on:click="saySelf('click from inner')" v-on:click.self="saySelf('click
from self')">
  <button v-on:click="saySelf('button click')">button</button>
  <button v-on:click.stop="saySelf('just button click')">button</button>
</div>
```

除了事件修饰符之外，v-on 还提供了按键修饰符，方便我们监听键盘事件中的按键。例如：

```
<input v-on:keyup.13="submit"/> // 监听 input 的输入，当输入回车时触发 Submit 函
数（回车的 keycode 值为 13），用于处理常见的用户输入完直接按回车键提交）
```

Vue.js 给一些常用的按键名提供了别称，这样就省去了一些记 keyCode 的事件。全部按键别名为：enter、tab、delete、esc、space、up、down、left、right。例如：

```
<input v-on:keyup.enter="submit" />
```

Vue.js 也允许我们自己定义按键别名，例如：

```
Vue.directive('on').keyCodes.f1 = 112; // 即可以使用 <input v-on:keyup.f1="help" />
```

Vue.js 2.0 中可以直接在 Vue.config.keyCodes 里添加自定义按键别名，无需修改 v-on 指令，例如：

Vue.config.keyCodes.f1 = 12。

2.4.3 与传统事件绑定的区别

如果你之前没有接触过 Angularjs、ReactJS 这类框架，或许会对 Vue.js 这种事件监听方式感到困惑。毕竟我们一开始接受的理念就是将 HTML 和 JS 隔离开编写。但其实 Vue.js 事件处理方法和表达式都严格绑定在当前视图的 ViewModel 上，所以并不会导致维护困难。

而这么写的好处在于：

① 无需手动管理事件。ViewModal 被销毁时，所有的事件处理器都会自动被删除，让我们从获取 DOM 绑定事件然后在特定情况下再解绑这样的事情中解脱出来。

② 解耦。ViewModal 代码是纯粹的逻辑代码，和 DOM 无关，有利于我们写自动化测试用例。

还有个与以往不同的细节是，我们在处理 ul、li 这种列表，尤其是下拉刷新这种需要异步加载数据的列表时，往往会把 li 事件代理到 ul 上，这样异步加载进来的新数据就不需要再次绑定事件。而 Vue.js 这类的框架由于不需要手动添加事件，往往直接会把事件绑定在 li 上，类似这样：<li v-repeat="item in items" v-on:click="clickLi"></li>，理论上每次新增 li 的时候都会进行同 li 个数的事件绑定，比用事件代理多耗了些性能。但在实际运用中并没有什么特别的性能瓶颈影响，而且我们也省去在代理中处理 e.target 的步骤，让事件和 DOM 元素关系更紧密、简单。

2.5 Vue.extend()

组件化开发也是 Vue.js 中非常重要的一个特性，我们可以将一个页面看成一个大的根组件，里面包含的元素就是不同的子组件，子组件也可以在不同的根组件里被调用。在上述例子中，可以看到在一个页面中通常会声明一个 Vue 的实例 new Vue({}) 作为根组件，那么如何生成可被重复使用的子组件呢？ Vue.js 提供了 Vue.extend(options) 方法，创建基础 Vue 构造器的“子类”，参数 options 对象和直接声明 Vue 实例参数对象基本一致，使用方法如下：

```
var Child = Vue.extend({
  template : '#child',
  // 不同的是，el 和 data 选项需要通过函数返回值赋值，避免多个组件实例共用一个数据
  data : function() {
    return {
      ….
    }
  }
  ….
})
Vue.component('child', Child)  // 全局注册子组件
<child ….></child>  // 子组件在其他组件内的调用方式
```

更多组件的使用方法将会在第 6 章中进行详细的说明。

第3章 指令

指令是 Vue.js 中一个重要的特性，主要提供了一种机制将数据的变化映射为 DOM 行为。那什么叫数据的变化映射为 DOM 行为？前文中阐述过 Vue.js 是通过数据驱动的，所以我们不会直接去修改 DOM 结构，不会出现类似于 $('ul').append('<li>one</li>') 这样的操作。当数据变化时，指令会依据设定好的操作对 DOM 进行修改，这样就可以只关注数据的变化，而不用去管理 DOM 的变化和状态，使得逻辑更加清晰，可维护性更好。

Vue.js 本身就提供了大量的内置指令来进行对 DOM 的操作，我们也可以开发自定义指令。本章主要介绍部分常见指令的使用及场景以及自定义指令的开发和指令相关的参数。

3.1 内置指令

本节主要介绍 Vue.js 的内置指令。

3.1.1 v-bind

v-bind 主要用于动态绑定 DOM 元素属性（attribute），即元素属性实际的值是由 vm 实例中的 data 属性提供的。例如：

```
<img v-bind:src='avatar' />
new Vue({
  data : {
    avatar : 'http://….'
```

```
    }
})
```

v-bind 可以简写为：，上述例子即可简写为 <img :src='avatar' />。

v-bind 还拥有三种修饰符，分别为 .sync、.once、.camel，作用分别如下。

.sync：用于组件 props 属性，进行双向绑定，即父组件绑定传递给子组件的值，无论在哪个组件中对其进行了修改，其他组件中的这个值也会随之更新。例如：<my-child :parent.sync='parent'></my-child>。父组件实例 vm.parent 将通过 prop 选项传递给子组件 my-child，即 my-child 组件构造函数需要定义选项 props:['parent']，便可通过子组件自身实例 vm.parent 获取父组件传递的数据。两个组件都共享这一份数据，不论谁修改了这份数据，组件获取的数据都是一致的。但一般不推荐子组件直接修改父组件数据，这样会导致耦合且组件内的数据不容易维护。

.once：同 .sync 一样，用于组件 props 属性，但进行的是单次绑定。和双向绑定正好相反，单次绑定是将绑定数据传递给子组件后，子组件单独维护这份数据，和父组件的数据再无关系，父组件的数据发生变化也不会影响子组件中的数据。例如：<my-child :parent.once='parent'></my-child>

.camel：将绑定的特性名字转回驼峰命名。只能用于普通 HTML 属性的绑定，通常会用于 svg 标签下的属性，例如：<svg width='400' height='300' :view-box.camel='viewBox'></svg>，输出结果即为 <svg width="400" height="300" viewBox="….."></svg>

不过在 Vue.js 2.0 中，修饰符 .sync 和 .once 均被废弃，规定组件间仅能单向传递，如果子组件需要修改父组件，则必须使用事件机制来进行处理。

3.1.2 v-model

v-model 指令在第 2.2.3 小节中的表单控件中已经说明过了，这里就不再赘述了。该指令主要用于 input、select、textarea 标签中，具有 lazy、number、debounce（2.0 废除）、trim（2.0 新增）这些修饰符。

3.1.3 v-if/v-else/v-show

v-if/v-else/v-show 这三个指令主要用于根据条件展示对应的模板内容，这在第 2.3.2 小节的渲染语法中也进行了说明。v-if 和 v-show 的主要区别就在于，v-if 在条件为 false 的情况下并不进行模板的编译，而 v-show 则会在模板编译好之后将元素隐藏掉。v-if 的切换消耗要比 v-show 高，但初始条件为 false 的情况下，v-if 的初始渲染要稍快。

3.1.4 v-for

v-for 也是用于模板渲染的指令，在第 2.3.3 小节列表渲染中我们也已说明过，这里就不再赘述。常见用法如下：

```
<ul>
  <li v-for='(index, item) in items'>
    <p>{{ item.name }}</p>
    …..
  </li>
</ul>
```

v-for 指令用法在 Vue.js 2.0 中做了些细微的调整，大致包含以下几个方面：

1. 参数顺序变化

当包含参数 index 或 key 时，对象参数修改为（item，index）或（value，key），这样与 JS Array 对象的新方法 forEach 和 map，以及一些对象迭代器（例如 lodash）的参数能保持一致。

2. v-bind:key

属性 track-by 被 v-bind：key 代替，<div v-for="item in items" track-by="id"> 需要改写成 <div v-for="item in items" v-bind:key="item.id">。

3. n in 10

v-for="n in 10" 中的 n 由原来的 0 ~ 9 迭代变成 1 ~ 10 迭代。

3.1.5 v-on

v-on 指令主要用于事件绑定，在第 2.4 节中我们已经说明。回顾一下用法：

```
<button v-on:click='onClick'></button>
```

v-on 可以简写为：

```
<button @click='onClick'></button>
```

修饰符包括 .stop、.prevent、.capture、.self 以及指定按键 .{keyCode|keyAlias}。

在 Vue.js 2.0 中，在组件上使用 v-on 指令只监听自定义事件，即使用 $emit 触发的事件；如果要监听原生事件，需要使用修饰符 .native，例如 <my-component v-on:click.native="onClick"></my-component>。

3.1.6 v-text

v-text，参数类型为 String，作用是更新元素的 textContent。{{}} 文本插值本身也会被编译成 textNode 的一个 v-text 指令。而与直接使用 {{}} 不同的是，v-text 需要绑定在某个元素上，能避免未编译前的闪现问题。例如：

```
<span v-text="msg"></span>
```

如果直接使用 <span>{{msg}}</span>，在生命周期 beforeCompile 期间，此刻 msg 数

据尚未编译至 {{msg}} 中，用户能看到一瞬间的 {{msg}}，然后闪现为 There is a message，而用 v-text 的话则不会有这个问题，如图 3-1 所示。

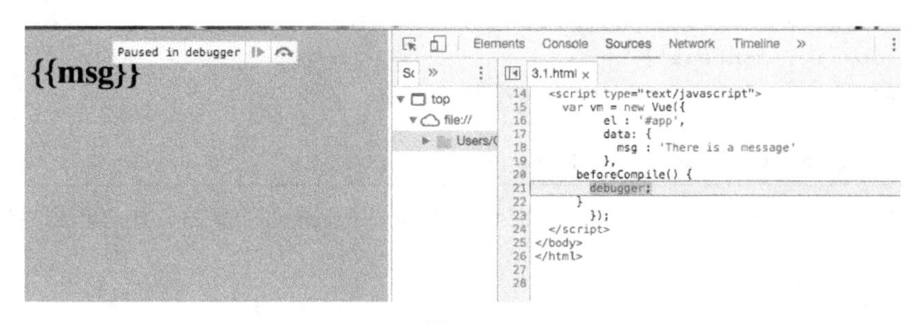

图3-1

3.1.7 v-HTML

v-HTML，参数类型为 String，作用为更新元素的 innerHTML，接受的字符串不会进行编译等操作，按普通 HTML 处理。同 v-text 类似，{{{}}} 插值也会编译为节点的 v-HTML 指令，v-HTML 也需要绑定在某个元素上且能避免编译前闪现问题。例如：

```
<div>{{{HTML}}}</div>
<div v-HTML="HTML"></div>
```

3.1.8 v-el

v-el 指令为 DOM 元素注册了一个索引，使得我们可以直接访问 DOM 元素。语法上说，可以通过所属实例的 $els 属性调用。例如：

```
<div v-el:demo>there is a el demo</div>
vm.$els.demo.innerText // -> there is a el demo
```

或者在 vm 内部通过 this 进行调用。

另外，由于 HTML 不区分大小写，在 v-el 中如果使用了驼峰式命名，系统会自动转成小写。但可以使用“-”来连接你期望大写的字母。例如：

```
<div v-el:camelCase>There is a camelcase</div>
<div v-el:camel-case>There is a camelCase</div>
vm.$els.camelcase.innerText // -> There is a camelcase
vm.$els.camelCase.innerText // -> There is a camelCase
```

3.1.9 v-ref

v-ref 指令与 v-el 类似，只不过 v-ref 作用于子组件上，实例可以通过 $refs 访问子组件。命名方式也类似，想使用驼峰式命名的话用“-”来做连接。例如：

```
<message v-ref:title content="title"></message>
<message v-ref:sub-title content="subTitle"></message>
var Message = Vue.extend({
  props : ['content'],
  template : '<h1>{{content}}</h1>'
});
Vue.component('message', Message);
```

我们最终将 vm.$refs.title 和 vm.$refs.subTitle 用 console.log 的方式打印到控制台中，结果为：

```
▶ VueComponent {$el: h1, $parent: Vue, $root: Vue, $children: Array[0], $refs: Object…}
▶ VueComponent {$el: h1, $parent: Vue, $root: Vue, $children: Array[0], $refs: Object…}
>
```

输出了两个子组件的实例。

从理论上来说，我们可以通过父组件对子组件进行任意的操作，但实际上尽量还是会采用 props 数据绑定，用组件间通信的方式去进行逻辑上的交互，尽量让组件只操作自己内部的数据和状态，如果组件间有通信，也通过调用组件暴露出来的接口进行通信，而不是直接跨组件修改数据。

3.1.10 v-pre

v-pre 指令相对简单，就是跳过编译这个元素和子元素，显示原始的 {{}}Mustache 标签，用来减少编译时间。例如：

```
<div v-pre>{{ uncompiled}}</div>
var vm = new Vue({
  el : '#app',
  data: {
    uncompiled : 'Thers is an uncompiled element'
  }
});
```

最后输出：

```
<!-- v-pre -->
<div>{{ uncompiled }}</div> == $0
</div>
```

3.1.11 v-cloak

v-cloak 指令相当于在元素上添加了一个 [v-cloak] 的属性，直到关联的实例结束编译。官方推荐可以和 css 规则 [v-cloak]{ display :none } 一起使用，可以隐藏未编译的 Mustache 标签直到实例准备完毕。例如：

```
<div v-cloak>{{ msg }}</div>
```

3.1.12 v-once

v-once 指令是 Vue.js 2.0 中新增的内置指令，用于标明元素或组件只渲染一次，即使随后发生绑定数据的变化或更新，该元素或组件及包含的子元素都不会再次被编译和渲染。这样就相当于我们明确标注了这些元素不需要被更新，所以 v-once 的作用是最大程度地提升了更新行为中页面的性能，可以略过一些明确不需要变化的步骤。使用方式如下：

```
<span v-once>{{msg}}</span>
<my-component v-once :msg='msg'></my-component>
```

3.2 自定义指令基础

除了内置指令外，Vue.js 也提供了方法让我们可以注册自定义指令，以便封装对 DOM 元素的重复处理行为，提高代码复用率。本小节主要说明了如何创建、注册自定义指令，以及讲述指令的相关属性钩子函数，更深一步地了解指令在 Vue.js 中起到的作用。

3.2.1 指令的注册

我们可以通过 Vue.directive(id, definition) 方法注册一个全局自定义指令，接收参数 id 和定义对象。id 是指令的唯一标识，定义对象则是指令的相关属性及钩子函数。例如：

Vue.directive('global-directive', definition); // 我们暂时只注册了这个指令，并没有赋予这个指令任何功能。

我们可以在模板中这么使用：

```
<div v-global-directive></div>
```

而除了全局注册指令外，我们也可以通过在组件的 directives 选项注册一个局部的自定义指令。例如：

```
var comp = Vue.extend({
  directives : {
    'localDirective' : {}  // 可以采用驼峰式命名
  }
});
```

该指令就只能在当前组件内通过 v-local-directive 的方式调用，而无法被其他组件调用。

3.2.2 指令的定义对象

我们在注册指令的同时，可以传入 definition 定义对象，对指令赋予一些特殊的功能。这个定义对象主要包含三个钩子函数：bind、update 和 unbind。

bind：只被调用一次，在指令第一次绑定到元素上时调用。

update：指令在 bind 之后以初始值为参数进行第一次调用，之后每次当绑定值发生变化

时调用，update 接收到的参数为 newValue 和 oldValue

unbind：指令从元素上解绑时调用，只调用一次。

这三个函数都是可选函数，但注册一个空指令肯定没有意义，来看下面这个例子，会使我们对整个指令周期有更明确的认识。

```
<div v-if="isExist" v-my-directive="param"></div>
Vue.directive('my-directive', {
  bind : function() {
    console.log('bind', arguments);
  },
  update : function(newValue, oldValue) {
    console.log('update', newValue, oldValue)
  },
  unbind : function() {
    console.log('unbind', arguments);
  }
})
var vm = new Vue({
  el : '#app',
  data : {
    param : 'first',
    isExist : true
  }
});
```

我们在控制台里先后输入 vm.param ='second' 和 vm.isExist = false，整体输出如下：

```
  bind ▶ []
  update first undefined
> vm.param = 'second'
  update second first
< "second"
> vm.isExist = false
  unbind ▶ []
< false
```

另外，如果我们只需要使用 update 函数时，可以直接传入一个函数代替定义对象：

```
Vue.directive('my-directive', function(value) {
  // 该函数即为 update 函数
});
```

上述例子中，可以使用 my-directive 指令绑定的值是 data 中的 param 属性。也可以直接绑定字符串常量，或使用字面修饰符，但这样的话需要注意 update 方法将只调用一次，因为普通字符串不能响应数据变化。例如：

```
<div v-my-directive="constant string"/></div> // -> value 为 undefined，因为 data 中没有对应的属性
<div v-my-direcitve="'constant string'"></div> // -> value 为 constant string，绑定字符串需要加单引号
<div v-my-directive.literal="constant string"></div> // -> value 为 constant string，利用字面修饰符后无需使用单引号
```

除了字符串外，指令也能接受对象字面量或任意合法的 JavaScript 表达式。例如：

```
<div v-my-directive="{ title : 'Vue.js', author : 'You'}" ></div>
<div v-my-directive="isExist ? 'yes' : 'no'" ></div>
```

```
update Object {title: "Vue.js", author: "You"} undefined
update no undefined
```

注意此时对象字面量不需要用单引号括起来，这和字符串常量不一样。

3.2.3 指令实例属性

除了了解指令的生命周期外，还需要知道指令中能调用的相关属性，以便我们对相关 DOM 进行操作。在指令的钩子函数内，可以通过 this 来调用指令实例。下面就详细说明指令的实例属性。

el：指令绑定的元素。

vm：该指令的上下文 ViewModel，可以为 new Vue() 的实例，也可以为组件实例。

expression：指令的表达式，不包括参数和过滤器。

arg：指令的参数。

name：指令的名字，不包括 v- 前缀。

modifiers：一个对象，包含指令的修饰符。

descriptor：一个对象，包含指令的解析结果。

我们可以通过以下这个例子，更直观地了解到这些属性：

```
<div v-my-msg:console.log="content"></div>
Vue.directive('my-msg', {
  bind : function() {
    console.log('~~~~~~~~~~~bind~~~~~~~~~~~~~');
    console.log('el', this.el);
    console.log('name', this.name);
    console.log('vm', this.vm);
    console.log('expression', this.expression);
    console.log('arg', this.arg);
    console.log('modifiers', this.modifiers);
    console.log('descriptor', this.descriptor);
  },
```

```
    update : function(newValue, oldValue) {
      var keys = Object.keys(this.modifiers);
      window[this.arg][keys[0]](newValue);
    },
    unbind : function() {
    }
  });
  var vm = new Vue({
    el : '#app',
    data : {
      content : 'there is the content'
    }
  });
```

输出结果如下：

```
~~~~~~~~~~bind~~~~~~~~~~~                               3.1.html:39
el    <div></div>                                       3.1.html:40
name my-msg                                             3.1.html:41
vm                                                      3.1.html:42
▶ Vue {$el: div#app, $parent: undefined, $root: Vue, $children: Array[0],
  $refs: Object…}
expression content                                      3.1.html:43
arg console                                             3.1.html:44
modifiers Object {log: true}                            3.1.html:45
descriptor                                              3.1.html:46
▶ Object {name: "my-msg", attr: "v-my-msg:console.log", raw: "content", def:
  Object, arg: "console"…}
there is the content                                    3.1.html:56
```

3.2.4 元素指令

元素指令是 Vue.js 的一种特殊指令，普通指令需要绑定在某个具体的 DOM 元素上，但元素指令可以单独存在，从使用方式上看更像是一个组件，但本身内部的实例属性和钩子函数是和指令一致的。例如：

```
<div v-my-directive></div> // -> 普通指令使用方式
<my-directive></my-directive> // -> 元素指令使用方式
```

元素指令的注册方式和普通指令类似，也有全局注册和局部注册两种。

```
Vue.elementDirective('my-ele-directive') // 全局注册方式
var Comp = Vue.extend({    // 局部注册，仅限该组件内使用
  … // 省略了其他参数
  elementDirectives : {
    'eleDirective' : {}
  }
});
```

```
Vue.component('comp', Comp);
```

元素指令不能接受参数或表达式，但可以读取元素特性从而决定行为。而且当编译过程中遇到一个元素指令时，Vue.js 将忽略该元素及其子元素，只有元素指令本身才可以操作该元素及其子元素。

Vue.js 2.0 中取消了这个特性，推荐使用组件来实现需要的业务。

3.3 指令的高级选项

Vue.js 指令定义对象中除了钩子函数外，还有一些其他的选项，我们将在本节中对其做逐个的讲述。

3.3.1 params

定义对象中可以接受一个 params 数组，Vue.js 编译器将自动提取自定义指令绑定元素上的这些属性。例如：

```
<div v-my-advance-directive a="paramA"></div>
Vue.directive('my-advance-directive', {
  params : ['a'],
  bind : function() {
    console.log('params', this.params);
  }
});
```

```
params Object {a: "paramA"}
```

除了直接传入数值外，params 支持绑定动态数据，并且可以设定一个 watcher 监听，当数据变化时，会调用这个回调函数。例如：

```
<div v-my-advance-directive v-bind:a="a"></div>
// 当然也可以简写成 <div v-my-advance-directive :a="a"></div>
Vue.directive('my-advance-directive', {
  params : ['a'],
  paramWatchers : {
    a : function(val, oldVal) {
        console.log('watcher: ', val, oldVal)
    }
  },
  bind : function() {
    console.log('params', this.params);
  }
});
var vm = new Vue({
```

```
    el : '#app',
    data : {
      a : 'dynamitc data'
    }
  });
```

```
params Object {a: "dynamic data"}
> vm.a = 123
watcher:  123 dynamic data
<· 123
>
```

3.3.2 deep

当自定义指令作用于一个对象上时，我们可以使用 deep 选项来监听对象内部发生的变化。例如：

```
<div v-my-deep-directive="obj"></div>
<div v-my-nodeep-directive="obj"></div>
Vue.directive('my-deep-directive', {
  deep : true,
  update : function(newValue, oldValue) {
    console.log('deep', newValue.a.b);
  }
});
Vue.directive('my-nodeep-directive', {
  update : function(newValue, oldValue) {
    console.log('deep', newValue.a.b);
  }
});
var vm = new Vue({
  el : '#app',
  data : {
    obj : {
      a : {
         b : 'inner'
      }
    }
  }
})
```

运行后，在控制台中输入 vm.obj.a.b = 'inner changed'，只有 my-deep-directive 调用了 update 函数，输出了改变后的值。

```
deep inner
nodeep inner
> vm.obj.a.b = 'inner changed'
deep inner changed
<· "inner changed"
> |
```

Vue.js 2.0 中废弃了该选项。

3.3.3 twoWay

在自定义指令中，如果需要向 Vue 实例写回数据，就需要在定义对象中使用 twoWay:true，这样可以在指令中使用 this.set(value) 来写回数据。

```
<input type="text" v-my-twoway-directive="param" / >
Vue.directive('my-twoway-directive', {
  twoWay : true,
  bind : function() {
    this.handler = function () {
      console.log('value changed: ', this.el.value);
      this.set(this.el.value)
    }.bind(this)
    this.el.addEventListener('input', this.handler)
  },
  unbind: function () {
    this.el.removeEventListener('input', this.handler)
  }
});
var vm = new Vue({
  el : '#app',
  data : {
    param : 'first',
  }
});
```

此时在 input 中输入文字，然后在控制台中输入 vm.param 即可观察到实例的 param 属性已被改变。

```
value changed:  1
value changed:  12
value changed:  123
value changed:  1231
value changed:  12312
value changed:  123123
vm.param
"123123"
```

需要注意的是，如果没有设定 twoWay:true，就在自定义指令中调用 this.set()，Vue.js 会抛出异常。

```
❹ ▶ [Vue warn]: Directive.set() can only be used inside twoWaydirectives.
>
```

3.3.4 acceptStatement

选项 acceptStatement:true 可以允许自定义指令接受内联语句，同时 update 函数接收的值是一个函数，在调用该函数时，它将在所属实例作用域内运行。

```
<div v-my-directive="i++"></div>
Vue.directive('my-directive', {
  acceptStatement: true,
  update: function (fn) {
  }
})
var vm = new Vue({
  el : '#app',
  data : {
    i : 0
  }
});
```

如果在 update 函数中，运行 fn()，则会执行内联语句 i++，此时 vm.i = 1。但更改 vm.i 并不会触发 update 函数。

需要当心的是，如果此时没有设定 acceptStatement: true，该指令会陷入一个死循环中。v-my-directive 接受到 i 的值每次都在变化，会重复调用 update 函数，最终导致 Vue.js 抛出异常。

3.3.5 terminal

选项 terminal 的作用是阻止 Vue.js 遍历这个元素及其内部元素，并由该指令本身去编译绑定元素及其内部元素。内置的指令 v-if 和 v-for 都是 terminal 指令。

使用 terminal 选项是一个相对较为复杂的过程，你需要对 Vue.js 的编译过程有一定的了解，这里借助官网的一个例子来大致说明如何使用 terminal。

```
<div id="modal"></div>
...
<div v-inject:modal>
  <h1>header</h1>
  <p>body</p>
  <p>footer</p>
</div>
```

```
var FragmentFactory = Vue.FragmentFactory // Vue.js 全局 API，用来创造 fragment 的工厂函数，fragment 中包含了具体的 scope 和 DOM 元素，可以看成一个独立的组件或者实例。
var remove = Vue.util.remove // Vue.js 工具类函数，移除 DOM 元素
var createAnchor = Vue.util.createAnchor // 创建锚点，锚点在 debug 模式下是注释节点，非 debug 模式下是文本节点，主要作用是标记 dom 元素的插入和移除
Vue.directive('inject', {
  terminal: true,
  bind: function () {
    var container = document.getElementById(this.arg) // 获取需要注入到的 DOM 元素
    this.anchor = createAnchor('v-inject') // 创建 v-inject 锚点
    container.appendChild(this.anchor) // 锚点挂载到注入节点中
    remove(this.el) // 移除指令绑定的元素
    var factory = new FragmentFactory(this.vm, this.el) // 创建 fragment
    this.frag = factory.create(this._host, this._scope, this._frag)
    // this._host 用于表示存在内容分发时的父组件
    // this._scope 用于表示存在 v-for 时的作用域
    // this._frag 用于表示该指令的父 fragment
    this.frag.before(this.anchor)
  },
  unbind: function () {
    this.frag.remove()
    remove(this.anchor)
  }
})
```

最终我们得到的结果是：

```
▼ <div id="modal"> == $0
  ▼ <div>
      <h1>header</h1>
      <p>body</p>
      <p>footer</p>
    </div>
  </div>
</div>
```

3.3.6 priority

选项 priority 即为指定指令的优先级。普通指令默认是 1000，termial 指令默认为 2000。同一元素上优先级高的指令会比其他指令处理得早一些，相同优先级则按出现顺序依次处理。以下为内置指令优先级顺序：

```
export const ON = 700
export const MODEL = 800
export const BIND = 850
export const TRANSITION = 1100
export const EL = 1500
export const COMPONENT = 1500
```

```
export const PARTIAL = 1750
export const IF = 2100
export const FOR = 2200
export const SLOT = 2300
```

3.4　指令在Vue.js 2.0中的变化

由于指令在 Vue.js2.0 中发生了比较大的变化，所以本节单独来说明下这些情况。总得来说，Vue.js 2.0 中的指令功能更为单一，很多和组件重复的功能和作用都进行了删除，指令也更专注于本身作用域的操作，而尽量不去影响指令外的 DOM 元素及数据。

3.4.1　新的钩子函数

钩子函数增加了一个 componentUpdated，当整个组件都完成了 update 状态后即所有 DOM 都更新后调用该钩子函数，无论指令接受的参数是否发生变化。

3.4.2　钩子函数实例和参数变化

在 Vue.js 2.0 中取消了指令实例这一概念，即在钩子函数中的 this 并不能指向指令的相关属性。指令的相关属性均通过参数的形式传递给钩子函数。

```
Vue.directive('my-directive', {
  bind : function(el, binding, vnode) {
    console.log('~~~~~~~~~~bind~~~~~~~~~');
    console.log('el', el);
    console.log('binding', binding);
    console.log('vnode', vnode);
  },
  update : function(el, binding, vnode, oldVNode) {
    ….
  },
  componentUpdated(el, binding, vnode, oldVNode) {
    ….
  },
  unbind : function(el, binding, vnode) {
    ….
  }
});
```

```
~~~~~~~~~~bind~~~~~~~~~
el ▶ div
binding ▶ Object {name: "my-directive", value: "first", expression: "param", modifiers: Object}
vnode ▶ VNode {tag: "div", data: Object, children: undefined, text: undefined, elm: div…}
```

在 Vue.js 1.0 的实例中的属性大部分都能在 binding 中找到，vnode 则主要包含了节点的相关信息，有点类似于 fragment 的作用。

3.4.3　update函数触发变化

钩子函数 update 对比 Vue.js 1.0 也有了以下两点变化：

① 指令绑定 bind 函数执行后不直接调用 update 函数。

② 只要组件发生重绘，无论指令接受的值是否发生变化，均会调用 update 函数。如果需要过滤不必要的更新，则可以使用 binding.value == binding.oldValue 来判断。

3.4.4　参数binding对象

钩子函数接受的参数 binding 对象为不可更改，强行设定 binding.value 的值并不会引起实际的改动。如果非要通过这种方式进行修改的话，只能通过 el 直接修改 DOM 元素。

第4章 过滤器

在第 2 章文本插值中我们提到过，Vue.js 允许在表达式后面添加可选的过滤器，以管道符表示，例如：

```
{{ message | capitalize }}
```

过滤器的本质是一个函数，接受管道符前面的值作为初始值，同时也能接受额外的参数，返回值为经过处理后的输出值。多个过滤器也可以进行串联。例如：

```
{{ message | filterA 'arg1' 'arg2' }}
{{ message | filterA | filterB}}
```

我们也列举了 Vue.js 1.0 中内置的指令来说明其作用，本章则主要来讲如何注册和使用自定义过滤器。

4.1 过滤器注册

Vue.js 提供了全局方法 Vue.filter() 注册一个自定义过滤器，接受过滤器 ID 和过滤器函数两个参数。例如：

```
Vue.filter('date', function(value) {
  if(!value instanceof Date) return value;
  return value.toLocaleDateString();
})
```

这样注册之后，我们就可以在 vm 实例的模板中使用这个过滤器了。

```
<div>
  {{ date | date }}
</div>
var vm = new Vue({
  el : '#app',
  data: {
    date : new Date()
  }
});
```

除了初始值之外，过滤器也能接受任意数量的参数。例如：

```
Vue.filter('date', function(value, format) {
  var o = {
    "M+": value.getMonth() + 1, // 月份
    "d+": value.getDate(), // 日
    "h+": value.getHours(), // 小时
    "m+": value.getMinutes(), // 分
    "s+": value.getSeconds(), // 秒
  };

  if (/(y+)/.test(format))
     format = format.replace(RegExp.$1, (value.getFullYear() + "").
substr(4 - RegExp.$1.length));
  for (var k in o)
    if (new RegExp("(" + k + ")").test(format))
      format = format.replace(RegExp.$1, (RegExp.$1.length == 1)
        ? (o[k])
        : (("00" + o[k]).substr(("" + o[k]).length)));
  return format;
});
```

使用方式即为：

```
<div>
  {{ date | date 'yyyy-MM-dd hh:mm:ss'}} //-> 2016-08-10 09:55:35 即可
按格式输出当前时间
</div>
```

4.2 双向过滤器

之前提及的过滤器都是在数据输出到视图之前，对数据进行转化显示，但不影响数据本身。Vue.js 也提供了在改变视图中数据的值，写回 data 绑定属性中的过滤器，称为双向过滤器。例如：

```
<input type="text" v-model="price | cents" >
// 该过滤器的作用是处理价钱的转化，一般数据库中保存的单位都为分，避免浮点运算
Vue.filter('cents', {
  read : function(value) {
    return (value / 100).toFixed(2);
  },
  write : function(value) {
    return value * 100;
  }
});

var vm = new Vue({
  el : '#app',
  data: {
    price : 150
  }
});
```

从使用场景和功能来看，双向过滤器和第 2 章中提到的计算属性有点雷同。而 Vue.js 2.0 中也取消了过滤器对 v-model、v-on 这些指令的支持，认为会导致更多复杂的情况，而且使用起来并不方便。所以 Vue.js 2.0 中只允许开发者在 {{}} 标签中使用过滤器，像上述对写操作有转化要求的数据，建议使用计算属性这一特性来实现。

4.3 动态参数

过滤器除了能接受单引号（''）括起来的参数外，也支持接受在 vm 实例中绑定的数据，称之为动态参数。使用区别就在于不需要用单引号将参数括起来。例如：

```
<input type="text" v-model="price" />
<span>{{ date | dynamic price }}</span>

Vue.filter('dynamic', function(date, price) {
  return date.toLocaleDateString() + ' : ' + price;
});
var vm = new Vue({
  el : '#app',
  data: {
    date : new Date(),
    price : 150
  }
});
```

过滤器中接受到的 price 参数即为 vm.price。

4.4 过滤器在Vue.js 2.0中的变化

过滤器在 Vue.js 2.0 中也发生了一些变化，大致说明如下：

① 取消了所有内置过滤器，即 capitalize，uppercase，json 等。作者建议尽量使用单独的插件来按需加入你所需要的过滤器。不过如果你觉得仍然想使用这些 Vue.js 1.0 中的内置过滤器，也不是什么难办的事。1.0 源码 filters/ 目录下的 index.js 和 array-filter.js 中就是所有内置过滤器的源码，你可以挑选你想用的手动加到 2.0 中。

② 取消了对 v-model 和 v-on 的支持，过滤器只能使用在 {{}} 标签中。

③ 修改了过滤器参数的使用方式，采用函数的形式而不是空格来标记参数。例如：{{ date | date('yyyy-MM-dd') }}。

第 5 章 过渡

过渡系统是 Vue.js 为 DOM 动画效果提供的一个特性，它能在元素从 DOM 中插入或移除时触发你的 CSS 过渡（transition）和动画（animation），也就是说在 DOM 元素发生变化时为其添加特定的 class 类名，从而产生过渡效果。除了 CSS 过渡外，Vue.js 的过渡系统也支持 javascript 的过渡，通过暴露过渡系统的钩子函数，我们可以在 DOM 变化的特定时机对其进行属性的操作，产生动画效果。

5.1 CSS过渡

本小节首先来了解下 CSS 过渡的用法。

5.1.1 CSS过渡的用法

首先举一个例子来说明 CSS 过渡系统的使用方式：

```
<div v-if="show" transition="my-startup"></div>
var vm = new Vue({
  el : '#app',
  data: {
    show : false
  }
});
```

首先在模板中用 transition 绑定一个 DOM 元素，并且使用 v-if 指令使元素先处于未被编译状态。然后在控制台内手动调用 vm.show = true，就可以看到 DOM 元素最后输出为：

```
<div class="my-startup-transition"></div>
```

我们可以看到在 DOM 元素完成编译后，过渡系统自动给元素添加了一个 my-startup-transition 的 class 类名。那么为了让这个效果更明显一点，还可以提前给这个类名添加一点 CSS 样式：

```
.my-startup-transition {
  transition: all 1s ease;
  width: 100px; height: 100px;
  background: black;
  opacity: 1;
}
```

此时再重新刷新并手动运行 vm.show = true，发现最终样式效果是加载上去了，但并没有出现 transition 的效果。这是由于在编译 v-if 后，div 直接挂载到 body 并添加 my-startup-transition 类名这两个过程中浏览器仅进行了一次重绘，这对于 div 来说并没有产生属性的更新，所以没有执行 css transition 的效果。为了解决这个问题，Vue.js 的过渡系统给元素插入及移除时分别添加了 2 个类名：*-enter 和 *-leave，* 即为 transition 绑定的字符串，本例中即为 my-startup。所以，在上述例子中，我们还需要添加两个类名样式，即 my-startup-enter，my-startup-leave：

```
.my-startup-enter, .my-startup-leave{
  height: 0px;
  opacity: 0;
}
```

此时再重复之前的操作，就可以看到过渡效果了。需要注意的是，这两个类名的优先级需要高于 .my-startup-transition，不然被 my-startup-transition 覆盖后就失效了。

同样，我们也可以通过 CSS 的 animation 属性来实现过渡的效果，例如：

```
<style>
  .my-animation-transition {
    animation: increase 1s ease 0s 1;
    width: 100px;
    height: 100px;
    background: black;
  }
  .my-animation-enter, .my-animation-leave {
    height: 0px;
  }
  @keyframes increase {
    from { height: 0px; }
    to { height: 100px; }
  }
</style>
```

```
<div v-if="animation" transition="my-animation">animation</div>

var vm = new Vue({
  el : '#app',
  data: {
    animation : false
  }
});
```

同样，更改 vm.animation 为 true 后即可看到过渡效果。

除了直接在元素上添加 transition="name" 外，Vue.js 也支持动态绑定 CSS 名称，可用于元素需要多个过渡效果的场景。例如：

```
<div v-if="show" v-bind:transition=" transitionName"></div>
// 也可以简写成
<div v-if="show" :transition="transitionName"></div>
var vm = new Vue({
  el: '#app',
  data: {
    show: false,
    transitionName: 'fade'
  }
});
```

Vue.js 本身并不提供内置的过渡 CSS 样式，仅仅是提供了过渡需要使用的样式的加载或移除时机，这样更便于我们灵活地按需去设计过渡样式。

5.1.2 CSS过渡钩子函数

Vue.js 提供了在插入或 DOM 元素时类名变化的钩子函数，可以通过 Vue.transition('name', {}) 的方式来执行具体的函数操作。例如：

```
Vue.transition('my-startup', {
  beforeEnter: function (el) {
    console.log('beforeEnter', el.className);
  },
  enter: function (el) {
    console.log('enter', el.className);
  },
  afterEnter: function (el) {
    console.log('afterEnter', el.className);
  },
  enterCancelled: function (el) {
    console.log('enterCancelled', el.className);
  },
```

```
  beforeLeave: function (el) {
    console.log('beforeLeave', el.className);
  },
  leave: function (el) {
    console.log('leave', el.className);
  },
  afterLeave: function (el) {
    console.log('afterLeave', el.className);
  },
  leaveCancelled: function (el) {
    console.log('leaveCancelled', el.className);
  }
})
```

在控制台里执行 vm.show = true，输出结果如下：

```
vm.show = true
beforeEnter my-startup-transition
enter my-startup-transition my-startup-enter
true
afterEnter my-startup-transition
```

这样，我们能很清楚地看到钩子函数执行的顺序以及元素类名的变化。同样的，还可以再次更改 vm.show 的值置为 false，结果如下：

```
> vm.show = false
  beforeLeave my-startup-transition
  leave my-startup-transition my-startup-leave
< false
  afterLeave my-startup-transition
>
```

由于元素在使用 CSS 的 transition 和 animation 时，系统的流程不完全一样。所以先以 transition 为例，总结下过渡系统的流程。

当 vm.show = true 时，

① 调用 beforeEnter 函数。

② 添加 enter 类名到元素上。

③ 将元素插入 DOM 中。

④ 调用 enter 函数。

⑤ 强制 reflow 一次，然后移除 enter 类名，触发过渡效果。

⑥ 如果此时元素被删除，则触发 enterCancelled 函数。

⑦ 监听 transitionend 事件，过渡结束后调用 afterEnter 函数。

当 vm.show = false 时，

① 调用 beforeLeave 函数。

② 添加 v-leave 类名，触发过渡效果。

③ 调用 leave 函数。

④ 如果此时元素被删除，则触发 leaveCancelled 函数。

⑤ 监听 transitionend 事件，删除元素及 *-leave 类名。

⑥ 调用 afterLeave 函数。

如果使用 animation 作为过渡的话，在 DOM 插入时，*-enter 类名不会立即被删除，而是在 animationend 事件触发式删除。

另外，enter 和 leave 函数都有第二个可选的回调参数，用于控制过渡何时结束，而不是监听 transitionend 和 animationend 事件，例如：

```
<style>
   my-done-transition {
    transition: all 2s ease;
    width: 100px; height: 100px;
    background: black;
    opacity: 1;
  }
  .my-done-enter, .my-done-leave{
     height: 0px;
     opacity: 0;
  }
</style>
Vue.transition('my-done', {
  enter: function (el, done) {
     this.enterTime = new Date();
     setTimeout(done, 500);
  },
  afterEnter: function (el) {
     console.log('afterEnter', new Date() - this.enterTime);
  }
})
var vm = new Vue({
  el : '#app',
  data: {
     done : false
  }
});
```

```
> vm.done = true
< true
  afterEnter 500
>
```

此时 afterEnter 函数执行的时间就不是 my-done-transition 样式中的 2s 之后，而是 done 调用的 500ms 之后。需要注意的是，如果在 enter 和 leave 中声明了形参 done，但没有调用，则不会触发 afterEnter 函数。

5.1.3 显示声明过渡类型

Vue.js 可以指定过渡元素监听的结束事件的类型，例如：

```
Vue.transition('done-type', {
  type: 'animation'
})
```

此时 Vue.js 就只监听元素的 animationend 事件，避免元素上还存在 transition 时导致的结束事件触发不一致。

5.1.4 自定义过渡类名

除了使用默认的类名 *-enter，*-leave 外，Vue.js 也允许我们自定义过渡类名，例如：

```
Vue.transition('my-startup', {
  enterClass: 'fadeIn',
  leaveClass: 'fadeOut'
})
```

我们可以通过上述钩子函数的例子，观测元素的类名变化：

```
> vm.show = true
  beforeEnter my-startup-transition
  enter my-startup-transition fadeIn
< true
  afterEnter my-startup-transition
> vm.show = false
  beforeLeave my-startup-transition
  leave my-startup-transition fadeOut
< false
  afterLeave my-startup-transition
> |
```

Vue.js 官方推荐了一个 CSS 动画库，animate.css，配合自定义过渡类名使用，可以达到非常不错的效果。只需要引入一个 CSS 文件，http://cdn.bootcss.com/animate.css/3.5.2/animate.min.css，就可以使用里面的预设动画。例如：

```
<div v-if="animateShow" class="animated" transition="bounce">bounce effect</
div>
Vue.transition('bounce', {
  enterClass: 'bounceIn',
  leaveClass: 'bounceOut'
```

```
})
```

在使用 animate.css 时，需要先给元素附上 animated 类名，然后再添加预设的动效类名，例如上例中的 bounceIn、bounceOut，这样就能看到动画效果。这个库提供了多种强调展示（例如弹性、抖动）、渐入渐出、翻转、旋转、放大缩小等效果。所有的效果可以访问官方网址 https://daneden.github.io/animate.css/ 在线观看。

5.2 JavaScript过渡

Vue.js 也可以和一些 JavaScript 动画库配合使用，这里只需要调用 JavaScript 钩子函数，而不需要定义 CSS 样式。transition 接受选项 css:false，将直接跳过 CSS 检测，避免 CSS 规则干扰过渡，而且需要在 enter 和 leave 钩子函数中调用 done 函数，明确过渡结束时间。此处将引入 Velocity.js 来配合使用 JavaScript 过渡。

5.2.1 Velocity.js

Velocity.js 是一款高效的动画引擎，可以单独使用也可以配合 jQuery 使用。它拥有和 jQuery 的 animate 一样的 api 接口，但比 jQuery 在动画处理方面更强大、更流畅，以及模拟了一些现实世界的运动，例如弹性动画等。

Velocity.js 可以当做 jQuery 的插件使用，例如：

```
$element.velocity({ left: "100px"}, 500, "swing", function(){console.log("done")});
$element.velocity({ left: "100px"}, {
  duration: 500,
  easing: "swing",
  complete : function(){console.log("done");}
});
```

也可以单独使用，例如：

```
var el = document.getElementById(id);
Velocity(el, { left : '100px' }, 500, 'swing', done);
```

5.2.2 JavaScript过渡使用

我们可以通过以下方式注册一个自定义的 JavaScript 过渡：

```
<style>
.my-velocity-transition {
  position: absolute; top:0px;
  width: 100px; height: 100px;
  background: black;
}
```

```
</style>
<div v-if="velocity" transition="my-velocity"></div>
Vue.transition('my-velocity', {
  css : false,
  enter: function (el, done) {
    Velocity(el, { left : '100px' }, 500, 'swing', done);
  },
  enterCancelled: function (el) {
    Velocity(el, 'stop');
  },
  leave: function (el, done) {
    Velocity(el, { left : '0px' }, 500, 'swing', done);
  },
  leaveCancelled: function (el) {
    Velocity(el, 'stop');
  }
})
```

运行上述代码，在设置 vm.velocity = true 后，过渡系统即会调用 enter 钩子函数，通过 Velocity 对 DOM 操作展现动画效果，然后强制调用 done 函数，明确结束过渡效果。

5.3 过渡系统在Vue.js 2.0中的变化

过渡系统在 Vue.js 2.0 中也发生了比较大的变化，借鉴了 ReactJS CSSTransitionGroup 的一些相关设定和命名。

5.3.1 用法变化

新的过渡系统中取消了 v-transition 这个指令，新增了名为 transition 的内置标签，用法变更为：

```
<transition name="fade">
  <div class="content" v-if="show">content</div>
</transition>
```

transition 标签为一个抽象组件，并不会额外渲染一个 DOM 元素，仅仅是用于包裹过渡元素及触发过渡行为。v-if、v-show 等指令仍旧标记在内容元素上，并不会作用于 transition 标签上。

transition 标签能接受的参数与 Vue.js 1.0 中注册的 transition 接受的选项类似。

1. name

同 v-transition 中接受的参数，自动生成对应的 name-enter，name-enter-active 类名。

2. appear

元素首次渲染的时候是否启用 transition，默认值为 false。即 v-if 绑定值初始为 true 时，首次渲染时是否调用 transition 效果。在 Vue.js 1.0 中，v-if 如果初始值为 true 的话，首次渲染是无法使用 transition 效果的，只有 v-show 能使用。

3. css

同 Vue.js 1.0 的 CSS 选项，如果设置为 true，则只监听钩子函数的调用。

4. type

同 Vue.js 1.0 的 type 选项，设置监听 CSS 动画结束事件的类型。

5. mode

控制过渡插入 / 移除的先后顺序，主要用于元素切换时。可供选择的值有 “out-in”，“in-out”，如果不设置，则同时调用。例如：

```
<transition name="fade" mode="out-in ">
  <p :key="ok">{{ok}}</p>  //  这里的 :key='ok' 主要用于强制替换元素，展现出 in-out/out-in 效果
</transition>
```

当 ok 在 true 和 false 切换时，mode= “out-in” 决定先移除 <p>false</p>，等过渡结束后，再插入 <p>true</p> 元素，mode= “in-out” 则相反。

6. 钩子函数

enterClass，leaveClass，enterActiveClass，leaveActiveClass，appearClass，appearActiveClass，可以分别自定义各阶段的 class 类名。

总得来说，在 Vue.js 2.0 中我们可以直接使用 transition 标签并设定其属性来定义一个过渡效果，而不需要像在 Vue.js 1.0 中通过 Vue.transition() 语句来定义。例如：

```
<transition
   name="fade"
   mode="out-in"
   appear
   @before-enter="beforeEnter"
   @enter="enter"
   @after-enter="afterEnter"
   @appear="appear"

   @before-leave="beforeLeave"
   @leave="leave"
   @after-leave="afterLeave"
   @leave-cancelled="leaveCancelled"
   >
    <div class="content" v-if="ok">{{ ok }}</div>
</transition>
```

5.3.2 类名变化

从上述属性的变化中我们可以看出，Vue.js 2.0 中新增了两个类名 enter-active 和 leave-active，用于分离元素本身样式和过渡样式。我们可以把过渡样式放到 *-enter-active、*-leave-active中，*-enter，*-leave中则定义元素过渡前的样式，而元素原本的样式则由自己的类名去控制，不和过渡系统自动添加的类名样式混合起来。举个例子：

```
content {
  width: 100px; height: 100px;
  background: black; opacity: 1;
}
.fade-enter, .fade-leave-active{
   opacity: 0;
}
.fade-enter-active, .fade-leave-active{
   transition: all 3s ease;
}
<transition name="fade">
  <div class="content" v-if="ok"></div>
</transition>
```

这样，<transition fade="name"></transition> 就可以当做一个可复用的过渡元素，作用到你期望的元素上。

enter-active 添加到元素上的时机是在元素插入 DOM 树后，在 transition/animation 结束后从元素上移除。leave-active 则在 DOM 元素开始移除时添加上，在 transition/animation 结束后移除。

5.3.3 钩子函数变化

Vue.js 2.0 中添加了三个新的钩子函数，before-appear，appear 和 after-appear。appear 主要是用于元素的首次渲染，如果同时声明了 enter 和 appear 的相关钩子函数，元素首次渲染的时候会使用 appear 系钩子函数，再次渲染的时候才使用 enter 系钩子函数。例如：

```
<transition
   name="fade" mode="in-out" appear
   @before-enter="beforeEnter"
   @enter="enter"
   @after-enter="afterEnter"

   @appear="appear"

   @before-leave="beforeLeave"
   @leave="leave"
   @after-leave="afterLeave"
>
   <div class="content" v-if="ok">{{ ok }}</div>
</transition>
var vm = new Vue({
   el : '#app',
```

```
        data : {
          ok : true
        },
        methods : {
         beforeEnter : function(el) {
           console.log('beforeEnter', el.className);
         },
         enter : function(el) {
           console.log('enter', el.className);
         },
         afterEnter : function(el) {
           console.log('afterEnter', el.className);
         },
         appear : function(el) {
           console.log('appear', el.className);
         },
         beforeLeave : function(el) {
           console.log('beforeLeave', el.className);
         },
         leave : function(el) {
           console.log('leave', el.className);
         },
         afterLeave : function(el) {
           console.log('afterLeave', el.className);
         },
      }
    });
```

```
beforeEnter content
appear content fade-enter fade-enter-active
afterEnter content
> vm.ok = false
beforeLeave content
leave content fade-leave fade-leave-active
<· false
afterLeave content
> vm.ok = true
beforeEnter content
enter content fade-enter fade-enter-active
<· true
afterEnter content
> |
```

另外，取消了 v-if 时的 leave-cancelled，元素一旦被移除则不能停止该操作。但使用 v-show 时，leave-cancelled 钩子仍然有效。我们可以沿用上面这个例子，在 transition 上加一个钩子函数 @leave-cancelled="leaveCancelled"，将元素设置成 <div class="content"

v-if="ok">{{ ok }}</div>，<div class="content" v-show="ok">{{ ok }}</div> 两种情况，然后手动设置 vm.ok = false，并在元素仍在过渡中设置 vm.ok = true。在 v-if 情况下，元素继续进行 leave transition，在 transition 结束后再次进行 enter 过渡；而在 v-show 情况下，元素则直接停止了 leave transition，并调用了 leaveCancelled 钩子函数，然后直接进行了 enter 过渡。

5.3.4 transition-group

除了内置的 transition 标签外，Vue.js 2.0 提供了 transition-group 标签，方便作用到多个 DOM 元素上。例如：

```
<transition-group tag="ul" name="list">
  <li v-for="item in items" :key="item.id">
    {{ item.text }}
  </li>
</transition-group>
```

transition-group 的主要作用是给其子元素设定一个统一的过渡样式，而不需要给每单个元素都用 transition 包裹起来。

和 transition 标签不一样，transition-group 不是一个虚拟 DOM，会真实渲染在 DOM 树中。默认会是 span 标签，但我们也可以通过属性 tag 来设定，如上例中 transition-group 最终输出的会是一个 ul 标签。另外，我们也可以通过 <ul is="transition-group"> 这样的写法来设定标签。

transition-group 接收的参数和 transition 基本一致，但不支持 mode 参数，而且每个 transition-group 的子元素都需要包含唯一的 key，如上例中的 key=item.id。

我们可以补全上面的代码，作为一个完整的 transition-group 例子：

```
<style>
  .list-li {
     width: 100px; height: 20px;
     transform: translate(0, 0);
  }
  .list-enter, .list-leave-active{
     opacity: 0; transform: translate(-30px, 0);
  }
  .list-enter-active, .list-leave-active{
     transition: all 0.5s ease;
  }
</style>
<transition-group tag="ul" name="list" appear>
   <li v-for="item in items" :key="item.id" class="list-li">
     {{ item.text }}
   </li>
```

```
</transition-group>
var vm = new Vue({
  el : '#app',
  data : {
    items : [
      { id : 1, text : '11' },
      { id : 2, text : '22' },
      { id : 3, text : '33' },
      { id : 4, text : '44' }
    ]
  }
})
```

我们可以在控制台里对 vm.items 进行 push 或 splice 操作，这样就能看到 li 标签的过渡效果了。

第 6 章 组件

代码复用一直是软件开发中长期存在的一个问题，每个开发者都想再次使用之前写好的代码，又担心引入这段代码后对现有的程序产生影响。从 jQuery 开始，我们就开始通过插件的形式复用代码，到 Requirejs 开始将 js 文件模块化，按需加载。这两种方式都提供了比较方便的复用方式，但往往还需要自己手动加入所需的 CSS 文件和 HTML 模块。现在，Web Components 的出现提供了一种新的思路，可以自定义 tag 标签，并拥有自身的模板、样式和交互。Angularjs 的指令，Reactjs 的组件化都在往这方面做尝试。同样，Vue.js 也提供了自己的组件系统，支持自定义 tag 和原生 HTML 元素的扩展。

6.1 组件注册

Vue.js 创建组件构造器的方式非常简单，在本书第 2.5 章的时候也提到过：

```
var MyComponent = Vue.extend({ … });
```

这样，我们就获得了一个组件构造器，但现在还无法直接使用这个组件，需要将组件注册到应用中。Vue.js 提供了两种注册方式，分别是全局注册和局部注册。

6.1.1 全局注册

全局注册需要确保在根实例初始化之前注册，这样才能使组件在任意实例中被使用，注册方式如下：

```
Vue.component('my-component', MyComponent);
```

这条语句需要写在 var vm = new Vue({…}) 之前，注册成功之后，就可以在模块中以自定义元素 <my-component> 的形式使用组件。对于组件的命名，W3C 规范是字母小写且包含一个短横杠“-”，Vue.js 暂不强制要求，但官方建议遵循这个规则比较好。

整个使用方法代码如下：

```
<div id="app">
  <my-component></my-component>
</div>

var MyComponent = Vue.extend({
  template : '<p>This is a component</p>'
})

Vue.component('my-component', MyComponent)

var vm = new Vue({
  el : '#app'
});
```

输出结果如下：

```
<div id="app">
  <p>This is a component</p>
</div>
```

6.1.2 局部注册

局部注册则限定了组件只能在被注册的组件中使用，而无法在其他组件中使用，注册方式如下：

```
var Child = Vue.extend({
  template : '<p>This is a child component</p>'
});

var Parent = Vue.extend({
  template: '<div> \
    <p>This is a parent component</p> \
    <my-child></my-child> \
    </div>',
  components: {
    'my-child': Child
  }
});
```

输出结果即为：

```
<div>
  <p>This is a parent component</p>
  <p>This is a child component</p>
</div>
```

而如果在根实例中调用 <my-child></my-child>，则会抛出异常 [Vue warn]: Unknown custom element: <my-child> - did you register the component correctly? For recursive components, make sure to provide the "name" option.

6.1.3 注册语法糖

Vue.js 对于上述两种注册方式也提供了简化的方法，我们可以直接在注册的时候定义组件构造器选项，例如：

```
// 全局注册
Vue.component('my-component', {
  template : '<p>This is a component</p>'
})
// 局部注册
var Parent = Vue.extend({
  template: '<div> \
      <p>This is a parent component</p> \
      <my-child></my-child> \
    </div>',
  components: {
    'my-child': {
      template : '<p>This is a child component</p>'
    }
  }
});
```

6.2 组件选项

组件接受的选项大部分与 Vue 实例一样，相同的部分本章就不赘述了，主要说明一下两者的区别和组件选项中的 props，用于接受父组件传递的参数。

6.2.1 组件选项中与Vue选项的区别

组件选项中的 el 和 data 与 Vue 构造器选项中这两个属性的赋值会稍微有些不同。在 Vue 构造器中是直接赋值：

```
var vm = new Vue({
  el : '#app',
  data : {
```

```
      name : 'Vue'
    }
  })
```

而在组件中需要这么定义：

```
var MyComponent = Vue.extend({
  data : function() {
    return {
      name : 'component'
    }
  }
})
```

这是因为 MyComponent 可能会拥有多个实例，例如在某个组件模板中多次使用 <my-component></my-component>。如果将对象 data 直接传递给了 Vue.extend({})，那所有 MyComponent 的实例会共享一个 data 对象，所以需要通过函数来返回一个新对象。同样，el 也是这么处理，只不过在组件中通过 el 来直接设定挂载元素的情况比较少见，自然避免了这种情况。

6.2.2 组件Props

选项 props 是组件中非常重要的一个选项，起到了父子组件间桥梁的作用。

首先，需要明确的是，组件实例的作用域是孤立的，也就是说子组件的模板和模块中是无法直接调用父组件的数据，所以通过 props 将父组件的数据传递给子组件，子组件在接受数据时需要显式声明 props，例如：

```
Vue.component('my-child', {
  props : ['parent'],
  template: '<p>{{ parent }} is from parent'
})
<my-child parent="This data"></my-child> //-> <p>This data is from parent </p>
```

这就是 props 的基本使用方法，另外还有几点细节会进行详细说明。

1. 驼峰命名

同指令等情况相同，由于 HTML 属性不区分大小写，如果我们在 <my-child> 中的属性使用驼峰式 myParam 命名，即 <my-child myParam='…'>，那在 props 中的命名即为 props: ['myparam']。所以如果需要使用驼峰式命名的话，我们需要在标签中使用 my-param，用“-”的方式隔开，这样在 props 中就可以使用 props: ['myParam'] 的形式进行声明。

2. 动态Props

除了上述例子中传递静态数据的方式外，我们也可以通过 v-bind 的方式将父组件的

data 数据传递给子组件，例如：

```
<div id="app">
  <input type="text" v-model="message" />
  <my-component v-bind:message="message"></my-component>
</div>
var MyComponent = Vue.extend({
  props : ['message'],
  template : "<p>{{ 'From parent : ' + message }}</p>"
})

Vue.component('my-component', MyComponent);

var vm = new Vue({
  el : '#app',
  data : {
    message : 'default'
  }
});
```

这样我们在更改根实例 message 的值的时候，组件中的值也随之改动。除了 v-bind 外，也可以直接简写成 <my-component :message="message"></my-component>。

需要注意的是如果直接传递一个数值给子组件，就必须借助动态 Props。如果通过 <my-component :message="1"></my-component> 这种方式传递的话，则在子组件中获取的 message 其实是字符串“1”，只有通过如下的方式，才能准确传递数值：

```
<my-num :num="num"></my-num>
Vue.component('my-num', {
  props : ['num'],
  template : "<p>{{ num + ' is a ' + typeof num }}</p>",
});
var vm = new Vue({
  el : '#app',
  data : {
    num : 1
  }
});
// 输出 <p>1 is a number</p>
```

3. 绑定类型

在动态绑定中，v-bind 指令也提供了几种修饰符来进行不同方式的绑定。Props 绑定默认是单向绑定，即当父组件的数据发生变化时，子组件的数据随之变化，但在子组件中修改数据并不影响父组件。修饰符 .sync 和 .once 显示的声明绑定为双向或单次绑定，例如：

```
<div id="app">
  <div>
```

```
        Parent component: <input type="text" v-model="msg" />
    </div>
    <my-bind :msg="msg"></my-bind>
  </div>

  Vue.component('my-bind', {
      props : ['msg'],
      template : '<div> \
        Child component : \
        <input type="text" v-model="msg"/> \
      </div>'
    });

  var vm = new Vue({
    el : '#app',
    data : {
      msg : ''
    }
  });
```

代码结果如下：

Parent component: 123
Child component : 1232323

此时父子组件中的即是单向绑定，可以通过 input 修改子组件中的值并不影响父组件中的值。

而如果将上述例子中 <my-bind :msg="msg"></my-bind> 替换成 <my-bind :msg.sync="msg"></my-bind>，则在子组件的 input 中修改值即会影响父组件的值。

Parent component: 1232323
Child component : 1232323

once修饰符意味着单次绑定，子组件接受一次父组件传递的数据后，单独维护这份数据，既不影响父组件数据也不受其影响而更新。

需要注意的是，由于 Vue.js 处理的方式是引用传递，所以如果 prop 传递的是一个对象或数组，那在子组件内进行修改就会影响父组件的状态，即使是单向绑定也一样。

4. Props验证

组件可以指定 props 验证要求，这对开发第三方组件来说，可以让使用者更加准确地使用组件。使用验证的时候，props 接受的参数为 json 对象，而不是上述例子中的数组，例如：props : { a : Number }，即为验证参数 a 需为 Number 类型，如果调用该组件传入的 a 参数为字符串，则会抛出异常。Vue.js 提供的 Props 验证方式有很多种，下面逐一进行说明：

1）基础类型检测：prop: Number，接受的参数为原生构造器，String、Number、Boolean、Function、Object、Array。也可接受 null，意味任意类型均可。

2）多种类型：prop:[Number, String]，允许参数为多种类型之一，例如类型可以为数值或字符串。

3）参数必需：prop: { type : Number, required: true}，参数必须有值且为 Number 类型。

4）参数默认：prop: { type : Number, default : 10 }，参数具有默认值 10。需要注意的是，如果默认值设置为数组或对象，需要像组件中 data 属性那样，通过函数返回值的形式赋值，如：

```
prop : {
  type : Object,
  default : function() {
    return { a : 'a' }
  }
}
```

5）绑定类型：prop: { twoWay : true}，校验绑定类型，如果非双向绑定会抛出一条警告。

6）自定义验证函数：prop : { validator : function(value) { return value > 0; } }，验证值必须大于 0。

7）转换值：prop: { coerce : function(val) { return parseInt(val) }}，将字符串转化成数值。

在开发环境中，如果验证失败了，Vue 将抛出一条警告，组件上也无法设置此值。

在 Vue.js 2.0 中，验证属性 twoWay 和 coerce 均被废弃。由于组件间只支持单向绑定，所有 twoWay 的校验也就不存在了。而 coerce 的用法和计算属性过于类似，所以也被废弃，官方推荐使用计算属性代替。

6.3 组件间通信

组件间通信是组件开发时非常重要的一环，我们既希望组件的独立性，数据能互不干涉，又不可避免组件间会有联系和交互。Vue.js 在组件间通信这一部分既提供了直接访问组件实例的方法，也提供了自定义事件机制，通过广播、派发、监听等形式进行跨组件的函数调用。

6.3.1 直接访问

在组件实例中，Vue.js 提供了以下三个属性对其父子组件及根实例进行直接访问。

1）$parent：父组件实例。

2）$children：包含所有子组件实例。

3）$root：组件所在的根实例。

这三个属性都挂载在组件的 this 上，虽然 Vue.js 提供了直接访问这种方式，但我们并不提倡这么操作。这会导致父组件和子组件紧密耦合，且自身状态难以理解，所以建议尽量使用 props 在组件间传递数据。

6.3.2　自定义事件监听

在 Vue 实例中，系统提供了一套自定义事件接口，用于组件间通信，方便修改组件状态。类似于在 jQuery，我们给 DOM 元素绑定一个非原生的事件，例如：$('#ele').on('custom', fn)，然后通过手动调用 $('#ele').trigger('custom') 方式来进行事件的触发。

那在 Vue.js 中，我们先来看下如何在实例中监听自定义事件。

1. events选项

我们可以在初始化实例或注册子组件的时候，直接传给选项 events 一个对象，例如：

```
var vm = new Vue({
  el : '#app',
  data : {
    todo : []
  },
  events : {
    'add' : function(msg) {
      this.todo.push(msg);
    }
  }
});
```

2. $on方法

我们也可以在某些特定情况或方法内采用 $on 方法来监听事件，例如：

```
var vm = new Vue({
  el : '#app',
  data : {
    todo : []
  },
  methods : {
   begin : function() {
     this.$on('add', function(msg) {
        this.todo.push(msg);
     });
   }
  }
});
```

6.3.3　自定义事件触发机制

设置完成事件监听后，下面来看下 Vue.js 的触发机制。

1. $emit

在实例本身上触发事件。例如：

```
events : {
  'add' : function(msg) {
    this.todo.push(msg);
  }
}
methods: {
  onClick : function() {
    this.$emit('add', 'there is a message');// 即可触发 events 中的 add 函数
  }
}
```

2. $dispatch

派发事件，事件沿着父链冒泡，并且在第一次触发回调之后自动停止冒泡，除非触发函数明确返回 true，才会继续向上冒泡。

父组件：

```
events : {
  'add' : function(msg) {
    this.todo.push(msg);
    // return true  明确返回 true 后，事件会继续向上冒泡
  }
}
```

子组件：

```
methods: {
  toParent : function() {
    this.$dispatch('add', 'message from child');
  }
}
```

调用子组件中的 toParent() 函数，即可向上冒泡，触发父组件中定义好的 add 事件。

3. $broadcast

广播事件，事件会向下传递给所有的后代。例如：

父组件：

```
methods: {
  toChild : function() {
    this.$broadcast('msg', 'message from parent');
  }
}
```

子组件：

```
events : {
  'msg' : function(msg) {
    alert(msg);
```

```
  }
}
```

下面，我们可以通过这个完整的例子来验证这三种触发机制：

```
// 模板
<div id="app">
  <input type="text" v-model="content">
  <button @click="addTodo">添加</button>
  <button @click="broadcast">广播</button>
  <child-todo name="one"></child-todo>
  <child-todo name="two"></child-todo>
  <ul>
    <li v-for="value in todo">
      {{ value }}
    </li>
  </ul>
</div>
// 子组件
Vue.component('child-todo', {
  props : ['name'],
  data : function() {
    return {
      content : ''
    }
  },
  template : '<div>\
      Child {{name}} \
      <input type="text" v-model="content"/> \
      <button @click="add">添加</button> \
    </div>',
  methods : {
    add : function() {
      // 将事件向上派发，这样既修改了父组件中的todo属性，又不直接访问父组件
      this.$dispatch('add', 'Child ' + this.name + ': ' + this.content);
      this.content = '';
    }
  },
  events : {
    // 用于接收父组件的广播
    'to-child' : function(msg) {
      this.$dispatch('add', 'Child ' + this.name + ': ' + msg);
    }
  }
});
```

```
// 根实例
var vm = new Vue({
  el : '#app',
  data : {
    todo : [],
    content : ''
  },
  methods : {
    addTodo : function() {
      // 触发自己实例中的事件
      this.$emit('add', 'Parent: ' + this.content);
      this.content = '';
    },
    broadcast : function() {
      // 将事件广播，使两个子组件实例都触发 to-child 事件
      this.$broadcast('to-child', this.content);
      this.content = '';
    }
  },
  events : {
    'add' : function(msg) {
      this.todo.push(msg);
    }
  }
});
```

页面结果将展示为：

添加 广播
Child one 添加
Child two 添加

在根实例的 input 中输入内容“Hello”，点击“添加”，即会在绑定 v-for 指令的 li 标签中输出“Parent：Hello”；或点击“广播”，则会输出“Child one: hello”和“Child two: hello”两条数据，本质就是广播了事件 to-child，两个子组件接受后触发了监听函数，将内容和组件 name 参数添加到父组件的 todo 数组中。

6.3.4 子组件索引

虽然我们不建议组件间直接访问各自的实例，但有时也不可避免，Vue.js 也提供了直接访问子组件的方式。除了之前的 this.children 外，还可以给子组件绑定一个 v-ref 指令，指定一个索引 ID，例如：

```
<child-todo v-ref:first></child-todo>
```

这样，在父组件中就可以通过 this.$refs.first 的方式获取子组件实例。

另外，如果 v-ref 作用在 v-for 绑定的元素上，例如：<li v-for="item" v-ref:items></li>，父组件获取的 this.$refs.items 为一个数组，包含相应的子组件实例。

6.4 内容分发

在实际的一些情况中，子组件往往并不知道需要展示的内容，而只提供基础的交互功能，内容及事件由父组件来提供。例如我们经常会使用的 Bootstrap 的模态框（Modal）插件，如图 6-1 所示。

图6-1

我们在调用时只希望使用 Modal 的浮层属性，以及显示 / 关闭浮层等控制函数，但内容本身则由父组件来决定。对此 Vue.js 提供了一种混合父组件内容与子组件自己模板的方式，这种方式称之为内容分发。Vue.js 参照了当前 web component 规范草稿，使用 <slot> 元素为原始内容的插槽。首先解释下内容分发的一些基础用法和概念，最后来说明下 Modal 这个实际案例。

6.4.1 基础用法

先举一个简单的例子来说明内容分发的基础用法：

```
<div id="app">
  // 使用包含 slot 标签属性的子组件
  <my-slot>
    // 属性 slot 值需要与子组件中 slot 的 name 值匹配
    <p slot="title">{{ title }}</p>
    <div slot="content">{{ content }}</div>
  </my-slot>
</div>
// 注册 my-slot 组件，包含 <slot> 标签，且设定唯一标识 name
Vue.component('my-slot', {
  template : '<div>\
    <div class="title"> \
      <slot name="title"></slot> \
    </div> \
    <div class="content"> \
```

```
        <slot name="content"></slot> \
      </div> \
    </div>',
  });
  var vm = new Vue({
    el : '#app',
    data : {
      title : 'This is a title',
      content : 'This is the content'
    }
  });
  // 最后输出结果
  <div>
    <div class="title">
      <p slot="title">This is a title</p>
    </div>
    <div class="content">
      <div slot="content">This is the content</div>
    </div>
  </div>
```

从上述例子中可以看出，父组件中的内容代替了子组件中的 slot 标签，使得我们可以在不同地方使用子组件的结构而且填充不同的父组件内容，从而提升组件的复用性。

6.4.2 编译作用域

在上述例子中，我们在父组件中调用 <my-slot> 组件，并在 <p slot= "title" >{{ title }}</p> 中绑定数据 title，从结果得知此时绑定的是父组件的数据。也就是说在这种 <my-slot>{{ data }}</my-slot> 模板情况下，父组件模板的内容在父组件作用域内编译；子组件模板的内容在子组件作用域内编译。

以下这样的父组件模板例子就是无效的：

```
  <my-scope-slot>
    <p slot="title">{{ childData }}</p>
  </my-scope-slot>
  Vue.component('my-scope-slot', {
    template : '<div>\
        <p>{{ "child: " + childData }}</p> \
        <slot name="title"></slot> \
      </div>',
    data() {
      return {
        childData : 'child scope'
      }
    }
  });
```

输出结果：

```
<div>
  <p>child: child scope</p>
  <p slot="title"></p>
</div>
```

6.4.3 默认slot

<slot>标签允许有一个匿名slot，不需要有name值，作为找不到匹配的内容片段的回退插槽，如果没有默认的slot，这些找不到匹配的内容片段将被忽略。下面修改一下上面的例子：

```
<anonymous-slot>
  // 去除 slot 属性
  <div id="content">{{ content }}</div>
  <p slot="title">{{ title }}</p>
</anonymous-slot>
// 匿名 slot
Vue.component('anonymous-slot', {
  template : '<div>\
    <div class="title"> \
      <slot name="title"></slot> \
    </div> \
    <div class="content"> \
      <slot></slot> \
    </div> \
  </div>',
});
```

此时id为content的元素即为找不到匹配的内容片段，由于我们在anonymous-slot组件中设置了匿名slot，所以Vue.js会把该元素插入到slot中，最后输出结果：

```
<div>
  <div class="title">
    <p slot="title">This is a title</p>
  </div>
  <div class="content">
    <div>This is the content</div>
  </div>
</div>
```

如果将子组件中的匿名<slot></slot>替换成<slot name="content"></slot>，则#content元素就直接被忽略了，输出结果为：

```
<div>
  <div class="title">
```

```
      <p slot="title">This is a title</p>
    </div>
    <div class="content">
    </div>
  </div>
```

6.4.4 slot属性相同

在父组件中，我们也可以定义多个相同 slot 属性的 DOM 标签，这样会依次插入到对应的子组件的 slot 标签中，以兄弟节点的方式呈现，我们可以将上例中父组件的实例模板改成：

```
  <my-slot>
    <p slot="title">{{ title + '1'}}</p>
    <p slot="title">{{ title + '2'}}</p>
    <div slot="content">{{ content }}</div>
  </my-slot>
  // 输出结果
  <div>
    <div class="title">
      <p slot="title">This is a title1</p>
      <p slot="title">This is a title2</p>
    </div>
    <div class="content">
      <div slot="content">This is the content</div>
    </div>
  </div>
```

6.4.5 Modal实例

本小节我们会通过 Modal 案例来演示内容分发的实际使用场景。

首先注册 Modal 子组件：

```
    // Modal 组件模板
    <script id="modalTpl" type="x-template">
    <div role="dialog">
      <div role="document" v-bind:style="{width: optionalWidth}">
        <div class="modal-content">
          <slot name="modal-header">
            <div class="modal-header">
               <button type="button" class="close" @click="close">
<span>&times;</span></button>
             <h4 class="modal-title" >
               <slot name="title">
                 {{title}}
```

```
            </slot>
          </h4>
        </div>
      </slot>
      <slot name="modal-body">
        <div class="modal-body"></div>
      </slot>
      <slot name="modal-footer">
        <div class="modal-footer">
          <button type="button" class="btn btn-default" @click="close">
取消 </button>
            <button type="button" class="btn btn-primary" @
click="callback">确定 </button>
        </div>
      </slot>
    </div>
  </div>
</div>
</script>
// 注册 Modal 组件
Vue.component('modal', {
  template : '#modalTpl',  // 获取模板中的 HTML 结构
  props : {
    title: {  // Modal 标题
      type: String,
      default: ''
    },
    show: { // 控制 Modal 是否显示
      required: true,
      type: Boolean,
      twoWay: true
    },
    width: {  // Modal 宽度
      default: null
    },
    callback: {  // 点击确定按钮的回调函数
      type: Function,
      default : function() {}
    }
  },
  computed: {  // 计算属性
    optionalWidth () {  // 处理 props 的 width 属性
      if (this.width === null) {
        return null;
      } else if (Number.isInteger(this.width)) {
        return this.width + 'px';
```

```
        }
        return this.width;
      }
    },
    watch: {
      show (val) { // show 值变化时调用该函数
        var el = this.$el;
        if (val) {
          el.style.display = 'block';  //show 值为 true 时，显示根元素
        } else {
          el.style.display = 'none';  //show 值为 false 时，隐藏根元素
        }
      }
    },
    methods: {
      close () {
        this.show = false;
      }
    }
  })
  // 父组件调用方式
// 需要引入 http://cdn.bootcss.com/bootstrap/3.3.6/css/bootstrap.css 样式
// 父组件中使用 modal 组件
  <div id="app">
    <button @click="show = true">open</button>
    <modal :show.sync="show" width="300px" :callback="close">
      <!—替换 modal 组件中的 <slot name="modal-header"></slot> 插槽 -->
      <div slot="modal-header" class="modal-header">Title</div>
      <!—替换 modal 组件中的 <slot name="modal-body"></slot> 插槽 -->
      <div slot="modal-body" class="modal-body">
        <div class="inner">
          Content
        </div>
      </div>
      <!—由于父组件中没有设定 slot="modal-footer" 的元素，所以使用子组件中的默认
HTML 结构 -->
    </modal>
  </div>
  var vm = new Vue({
    el : '#app',
    data : {
      show : false
    },
    methods : {
      close : function() {
```

```
        alert('save');
        this.show = false;
      }
    }
  });
```

最终得到一个被 button 控制打开的 Modal 模态框，并且内容由父组件定义，并提供模态框的宽度及确定后的回调函数。

6.5 动态组件

Vue.js 支持动态组件，即多个组件可以使用同一挂载点，根据条件来切换不同的组件。使用保留标签 <component>，通过绑定到 is 属性的值来判断挂载哪个组件。这种场景往往运用在路由控制或者 tab 切换中。本小节先介绍下动态组件的基础用法。

6.5.1 基础用法

我们通过一个切换页面的例子来说明一下动态组件的基础用法：

```
<div id="app">
  // 相当于一级导航栏，点击可切换页面
  <ul>
    <li @click="currentView = 'home'">Home</li>
    <li @click="currentView = 'list'">List</li>
    <li @click="currentView = 'detail'">Detail</li>
  </ul>
  <component :is="currentView"></component>
</div>
var vm = new Vue({
  el : '#app',
  data: {
    currentView: 'home'
  },
```

```
    components: {
      home: {
        template : '<div>Home</div>'
      },
      list: {
        template : '<div>List</div>'
      },
      detail: {
        template : '<div>Detail</div>'
      }
    }
  });
```

component 标签上 is 属性决定了当前采用的子组件，:is 是 v-bind:is 的缩写，绑定了父组件中 data 的 currentView 属性。顶部的 ul 则起到导航的作用，点击即可修改 currentView 值，也就修改 component 标签中使用的子组件类型，需要注意的事，currentView 的值需要和父组件实例中的 components 属性的 key 相对应。

6.5.2 keep-alive

component 标签接受 keep-alive 属性，可以将切换出去的组件保留在内存中，避免重新渲染。我们将上述例子中的 component 标签修改为：

```
<component :is="currentView" keep-alive></component>
```

并且将 home 组件修改为：

```
home: {
  template : '<div> \
      <p>Home</p> \
        <ul> \
          <li v-for="item in items">{{ item }}</li> \
        </ul> \
    </div>',
  data : function() {
    return {
      items : []
    }
  },
  ready : function() {
    console.log('fetch data');
    this.items = [1, 2, 3, 4, 5];
  }
},
```

在 keep-alive 属性下，可以在 home 和 list 之间切换 currentView，home 组件的

ready 函数只运行一次，可以看到控制台只输出了一次“fetch data”。而将 keep-alive 属性去除后，再次在home和list组件间切换，会发现每点击到home，控制台都会输出一次“fetch data”。

我们可以根据该特性适当地进行页面的性能优化，如果每个组件在激活时并不要求每次都实时请求数据，那使用 keep-alive 可以避免一些不必要的重复渲染，导致用户看到停留时间过长的空白页面。但如果每次激活组件都需要向后端请求数据的话，就不太适合使用 keep-alive 属性了。

Vue.js 2.0 中 keep-alive 属性被修改为标签，例如：

```
<keep-alive>
  <component v-bind:is="view"></component>
</keep-alive>
```

6.5.3 activate 钩子函数

Vue.js 给组件提供了 activate 钩子函数，作用于动态组件切换或者静态组件初始化的过程中。activate 接受一个回调函数做为参数，使用函数后组件才进行之后的渲染过程。我们将上述例子中的 home 组件修改为：

```
home: {
  template : '<div> \
    <p>Home</p> \
    <ul> \
      <li v-for="item in items">{{ item }}</li> \
    </ul> \
  </div>',
  data : function() {
    return {
      items : []
    }
  },
  activate : function(done) {
    var that = this;
    // 此处的 setTimeout 用于模拟正式业务中的 ajax 异步请求数据
    setTimeout(function() {
      that.items = [1, 2, 3, 4, 5];
      done();
    }, 1000);
  }
}
```

此时也可以定义两个 component 作为对比，并设定其中一个属性为 keep-alive：

```
<component :is="currentView"></component>
```

```
<component :is="currentView" keep-alive></component>
```

可以对比出，再次激活 home 后，未使用 keep-alive 的 component 会延迟 1s 的时间才渲染出列表。

6.6 Vue.js 2.0中的变化

本小节主要说明下 Vue.js 2.0 中对于组件用法及 api 的一些相关变化。

6.6.1 event

Vue.js 2.0 中废弃了 event 选项，所有的自定义事件都需要通过 $emit，$on，$off 函数来进行触发、监听和取消监听。另外，废弃了 $dispatch 和 $broadcast 方法。官方认为这两种方法主要依赖于组件的树形结构，而当组件结构越来越复杂后，这种事件流的形式将难以被理解，而且也并不能解决兄弟组件之间的通信问题。所以官方推荐使用集中式的事件管理机制来处理组件间的通信，而不是依赖于组件本身的结构。

官方建议可以直接使用一个空 Vue 实例来处理简单的事件触发机制：

```
var bus = new Vue();
bus.$emit('create', { title : 'name'});
bus.$on('create', function(data) {
  // 进行对应的操作
})
```

这样使用的话，事件的监听和触发机制就脱离了组件的结构，完全依赖于 bus 这个实例，在整个项目的任意地方我们都可以设置监听和触发函数。例如：

```
<div id="app">
  <comp-a></comp-a>
  <comp-b></comp-b>
</div>
var bus = new Vue();
var vm = new Vue({
  el : '#app',
  components : {
    compA : {
      template : '<div> \
          <input type="text" v-model="name" /> \
          <button @click="create">添加</button> \
        </div>',
      data : function() {
        return {
          name : ''
        }
      },
```

```
        methods : {
          create : function() {
            bus.$emit('create', { name : this.name });
            this.name = '';
          }
        }
      },
      compB : {
        template : '<ul> \
          <li v-for="item in items">{{ item.name }} </li> \
        </ul>',
        data : function() {
          return {
            items : []
          }
        },
        // mounted 为 Vue.js 2.0 中新的生命周期函数
        mounted() {
          var that = this;
          bus.$on('create', function(data) {
            that.items.push(data);
          })
        }
      }
    }
  });
```

vue 添加

- gavin
- cly

在 comp-a 组件中输入内容，点击“添加”即可触发 create 事件。在兄弟组件 comp-b 中则监听这个 create 事件，并把传入的值添加到自身的 items 数组中。此时的 bus 实例即可抽象成一个集中式的事件处理器，供所有的组件使用。

而在相对复杂的场景中，则推荐引入状态管理机制，Vuex 就是这种机制与 Vue.js 结合的实现形式。这个会在第九章做一个详细的说明。

6.6.2 keep-alive

keep-alive 不再是动态组件 component 标签中的属性，而成为了单独的标签。使用方式如下：

```
<keep-alive>
  <component :is="currentView"></view>
</keep-alive>
```

keep-alive 也可以不和 component 配合使用，单独包裹多个子组件，只需要确保所有子组件只激活唯一一个即可。例如：

```
<keep-alive>
  <comp-a v-if="active"></comp-a>
  <comp-b v-else></comp-b>
</keep-alive>
```

6.6.3　slot

slot 不再支持多个相同 plot 属性的 DOM 插入到对应的 slot 标签中，一个 slot 只被使用一次。下面以 6.4.4 节中的例子来说明：

```
// 父组件中定义了多个 slot=""
<div slot="modal-header" class="modal-header">Title1</div>
<div slot="modal-header" class="modal-header">Title2</div>
// 子组件
  <slot name="modal-header"></slot>
```

在 Vue.js 1.0 中，父组件中的两个 modal-header 都会添加到 slot 中，而在 Vue.js 2.0 中，第二个 modal-header 会被忽略。

另外，slot 标签不再保存自身的属性及样式，均由父元素或被插入的元素提供样式和属性。

6.6.4　refs

子组件索引 v-ref 的声明方式产生了变化，不再是一个指令了，而替换成一个子组件的一个特殊属性，例如：

```
<comp ref="first"></comp> //Vue.js 1.0 中为 <comp v-ref="first"></first>
```

调用方式并没有发生变化，仍采用 vm.$refs 的方式直接访问子组件实例。

第 7 章

Vue.js常用插件

Vue.js 本身只提供了数据与视图绑定及组件化等功能，如果想用它来开发一个完整的 SPA（Single Page Application）应用，我们还需要使用到一些 Vue.js 的插件。本章主要介绍 Vue-router 和 Vue-resouce，分别能提供路由管理和数据请求这两个功能。除此之外，还有 Vue-devtools，这是一款方便查看 Vue.js 实例数据的 chrome 插件，这对我们开发和调试都有非常大的帮助。

7.1 Vue-router

Vue-router 是给 Vue.js 提供路由管理的插件，利用 hash 的变化控制动态组件的切换。以往页面间跳转都由后端 MVC 中的 Controller 层控制，通过 <a> 标签的 href 或者直接修改 location.href，我们会向服务端发起一个请求，服务端响应后根据所接收到的信息去获取数据和指派对应的模板，渲染成 HTML 再返回给浏览器，解析成我们可见的页面。Vue.js + Vue-router 的组合将这一套逻辑放在了前端去执行，切换到对应的组件后再向后端请求数据，填充进模板来，在浏览器端完成 HTML 的渲染。这样也有助于前后端分离，前端不用依赖于后端的逻辑，只需要后端提供数据接口即可。

本章部分代码会采用 ES6 的写法，运行时需要使用 Babel 进行编译。

7.1.1 引用方式

Vue-router 可以直接引用编译好的 js 文件，CDN 地址为：

```
https://cdn.jsdelivr.net/vue.router/0.7.10/vue-router.min.js
```

在 HTML 中直接用 script 标签引入即可，例如：

```
<script src='http://cdn.jsdelivr.net/vue/1.0.26/vue.min.js'></script>
<script src='https://cdn.jsdelivr.net/vue.router/0.7.10/vue-router.min.
js'></script>
```

也可以采用 npm 的方式安装：

```
npm install vue-router
```

引用方式如下：

```
import Vue from 'vue';
import VueRouter from 'vue-router';
Vue.use(VueRouter);
```

7.1.2 基本用法

vue-router 的基本作用就是将每个路径映射到对应的组件，并通过修改路由进行组件间的切换。常规路径规则为在当前 url 路径后面加上 #!/path，path 即为设定的前端路由路径。例如：

```
<div id="app">
  <nav class="navbar navbar-inverse">
   <div class="container">
     <div class="collapse navbar-collapse">
       <ul class="nav navbar-nav">
         <li>
           <!—使用 v-link 指令，path 的值对应跳转的路径，即 #!/home -->
           <a v-link="{ path : '/home'}">Home</a>
         </li>
         <li>
           <a v-link="{ path : '/list'}">List</a>
         </li>
       </ul>
     </div>
   </div>
  </nav>
  <div class="container">
  <!—路由切换组件 template 插入的位置 -->
   <router-view></router-view>
   </div>
  </div>
js 代码：
// 创建子组件，相当于路径对应的页面
```

```
var Home = Vue.extend({
  template : '<h1>This is the home page</h1>'
});

// 创建根组件
var App = Vue.extend({})

// 创建路由器实例
var router = new VueRouter()

// 通过路由器实例定义路由规则（需要在启动应用前定义好）
// 每条路由会映射到一个组件。这个值可以是由 Vue.extend 创建的组件构造函数（如 Home）
// 也可以直接使用组件选项对象（如 '/list' 中 component 对应的值）
router.map({
  '/home': {
    component: Home
  },
  '/list': {
    component : {
      template: '<h1>This is the List page</h1>'
    }
  }
})

// 路由器实例会创建一个 Vue 实例，并且挂载到第二个参数元素选择器匹配的 DOM 上
router.start(App, '#app')
```

最终结果如下：

7.1.3 嵌套路由

一般应用中的路由方式不会像上述例子那么简单，往往会出现二级导航这种情况。这时

就需要使用嵌套路由这种写法。我们给上述例子添加一个 Biz 组件，包含一个嵌套的 router-view，修改如下：

```
var Biz = Vue.extend({
  template : '<div> \
     <h1>This is the some business channel</h1> \
     <div class="container"> \
       <ul class="nav navbar-nav"> \
         <li> \
           <a v-link="{ path : \'/biz/list\'}">List</a> \
         </li> \
         <li> \
           <a v-link="{ path : \'/biz/detail\'}">Detail</a> \
         </li> \
       </ul> \
     </div> \
     <router-view></router-view> \
   </div>'
});
```

路由配置修改如下：

```
router.map({
  '/home': {
       component: Home
  },
  '/biz': {
     component : Biz,
     subRoutes : {
        '/list' : {
            component : {
              template : '<h2>This is the business list page</h2>'
            }
        },
        '/detail' : {
           component : {
             template : '<h2>This is the business detail page</h2>'
           }
        }
     }
  }
})
```

点击 Biz 中的 List 链接，url 路由即为 #!/biz/list，页面显示如下：

Home　Business

This is the some business channel

List　Detail

This is the business list page

点击 List 和 Detail 即可在 #!/biz/list 和 #!/biz/detail 之间切换，而顶部的 This is the some business channel 部分，即 Biz 组件中非 <router-view> 部分则保持不变。

7.1.4 路由匹配

Vue-router 在设置路由规则的时候，支持以冒号开头的动态片段。例如在设计列表分页的情况下，我们往往会在 url 中带入列表的页码，路由规则就可以这么设计：

```
router.map({
  '/list/:page': {
     component : {
       template: '<h1>This is the No.{{ $route.params.page }} page</h1>'
     }
  }
})
```

例如 /list/1，/list/2（单就 /list 路径并不会匹配）这样的路径名就会匹配到对应的组件中，并在组件中通过路由对象 (this.$route) 的方式获取 :page 具体的值（具体的方法会在第 7.1.6 小节路由对象中解释）。

一条路由规则中支持包含多个动态片段，例如：

```
router.map({
  '/list/:page/:pageSize': {
     component : {
       template: '<h1>This is the No.{{ $route.params.page }} page, {{
$route.params.pageSize }} per page</h1>'
     }
  }
})
```

除了以冒号 : 开头的动态片段 :page 外，Vue-router 还提供了以 * 号开头的全匹配片段。全匹配片段会包含所有符合的路径，而且不以 '/' 为间隔。例如在路由 /list/:page 中，规则能匹配 /list/1,/list/2 路径，但无法匹配 /list/1/10 这样的路径。而 /list/*page 则可以匹

配 /list/1，以及 /list/1/10 这样的路径，不会因为 '/' 而中断匹配。page 值也就成为整个匹配到的字符串，即 1 或 1/10。

7.1.5 具名路由

在设置路由规则时，我们可以给路径名设置一个别名，方便进行路由跳转，而不需要去记住过长的全路径。例如：

```
router.map({
  '/list/:page': {
    name: 'list'
    component : {
      template: '<h1>This is the No.{{ $route.params.page }} page</h1>'
    }
  }
})
```

我们就可以使用 v-link 指令链接到该路径

```
<a v-link="{ name: 'list', params: { page : 1 }}">List</a>
```

7.1.6 路由对象

在使用 Vue-router 启动应用时，每个匹配的组件实例中都会被注入 router 的对象，称之为路由对象。在组件内部可以通过 this.$route 的方式进行调用。

路由对象总共包含了以下几个属性：

1. $route.path

类型为字符串，为当前路由的绝对路径，如 /list/1。

2. $route.params

类型为对象。包含路由中动态片段和全匹配片段的键值对。如上述例子中的 /list/:page 路径，就可以通过 this.$route.params.page 的方式来获取路径上 page 的值。

3. $route.query

类型为对象。包含路由中查询参数的键值对。例如 /list/1?sort=createTime，通过 this.$route.query.sort 即可得到 createTime。

4. $route.router

即路由实例，可以通过调用其 go，replace 方法进行跳转。我们在组件实例中也可以直接调用 this.$router 来访问路由实例。router 具体的属性和 api 方法将在 7.1.10 路由实例中进行说明。

5. $route.matched

类型为数组。包含当前匹配的路径中所有片段对应的配置参数对象。例如在 /list/1?sort=createTime 路径中，$route.matched 值如下：

```
▼ [Object, queryParams: Object]
  ▼ 0: Object
    ▼ handler: Object
      ▶ component: function VueComponent(options)
        fullPath: "/list/*page"
        path: "/list/*page"
      ▶ __proto__: Object
      isDynamic: true
    ▼ params: Object
        page: "1"
      ▶ __proto__: Object
    ▶ __proto__: Object
    length: 1
  ▼ queryParams: Object
      sort: "createTime"
    ▶ __proto__: Object
  ▶ __proto__: Object
>
```

6. $route.name

类型为字符串，即为当前路由设置的 name 属性。

7.1.7 v-link

v-link 是 vue-router 应用中用于路径间跳转的指令，其本质是调用路由实例 router 本身的 go 函数进行跳转。该指令接受一个 JavaScript 表达式，而且可以直接使用组件内绑定的数据。

常见的使用方式包含以下两种：

1）直接使用字面路径：

<a v-link="'home'">Home</a>　// 注意这里双引号里的 home 需要加上单引号，不然会变成读取组件 data 属性中的 home 值。

或者写成：<a v-link="{ path : 'home'}">Home</a>

2）使用具名路径，并可以通过 params 或 query 设置路径中的动态片段或查询变量：

```
<a v-link="{ name : 'list', params: { page : 1}}">List Page 1</a>
```

此外，v-link 还包含其他参数选项：

1. activeClass

类型为字符串，如果当前路径包含 v-link 中 path 的值，该元素会自动添加 activeClass 值的类名，默认为 v-link-active。

2. exact

类型为布尔值。在判断当前是否为活跃路径时，v-link 默认的匹配方式是包容性匹配，即如果 v-link 中 path 为 /list，那以 /list 路径为开头的所有路径均为活跃路径。而设置 exact 为 true 后，则只有当路径完全一致时才认定为活跃路径，然后添加 class 类名。

3. replace

类型为布尔值。若 replace 值设定为 true，则点击链接时执行的是 router.replace() 方法，而不是 router.go() 方法。由此产生的跳转不会留下历史记录。

4. append

类型为布尔值。若 append 值设定为 true，则确保链接的相对路径添加到当前路径之后。例如在路径 /list 下，设置链接 <a v-link="{path: '1', append : true}">1</a>，点击则路径变化为 /list/1；若不设置 append:true，路径变化为 /1。

7.1.8 路由配置项

在创建路由器实例的时候，Vue-router 提供了以下参数可供我们配置：

1. hashbang

默认值为 true，即只在 hash 模式下可用。当 hashbang 值为 true 时，所有的路径会以 #! 为开头。例如 <a v-link="{ path : '/home'}">Home</a>，浏览器路径即为 http://hostname/#!/home

2. history

默认值为 false。设为 true 时会启动 HTML5 history 模式，利用 history.pushState() 和 history.replaceState() 来管理浏览历史记录。由于使用了 history 模式管理，所以使用 pushState 生成的每个 url 都需要在 Web 服务器上有对应的响应，否则单击“刷新”会返回 404 错误，并且在本地开发的时候，需要将应用置于服务器环境中（通过 localhost 访问应用，而不是直接访问文件）。

常见的服务器 nginx 可以修改其目录下的 conf/nginx.conf 或 conf/vhost/*.conf 文件，添加如下配置，以满足 pushSate 的需求：

```
server {
  listen      80;                   // 端口号
  server_name  localhost;           // 或填写服务器域名
  index index.html index.php;       //默认访问文件
  root /www                         // 文件放置路径
  location / {
     // 这是一个正则匹配，将所有该域名下的url请求，都返回SPA应用的index.html，确保pushState有响应
     rewrite ^(.+)$ /index.html last;
  }
}
```

3. abstract

默认值为 false。提供了一个不依赖于浏览器的历史管理工具。在一些非浏览器场景中会非常有用，例如 electron（桌面软件打包工具，类似于 node-webkit）或者 cordova（native app 打包工具，前身为 phonegap）应用。

4. root

默认值为 null，仅在 HTML5 history 模式下可用。可设置一个应用的根路径，例如：/app。这样应用中的所有跳转路径都会默认加在这个根路径之后，例如 <a v-link='/home'>Home</a>，路径即变化为 /app/home。

5. linkActiveClass

默认值为 v-link-active。与 v-link 中的 activeClasss 选项类似，这里相当于是一个全局的设定。符合匹配规则的链接即会加上 linkActiveClass 设定的类名。

6. saveScrollPosition

默认值为 false，仅在 HTML5 history 模式下可用。当用户点击后退按钮时，借助 HTML5 history 中的 popstate 事件对应的 state 来重置页面的滚动未知。需要注意的是，当 router-view 设置了场景切换效果时，该属性不一定能生效。

7. transitionOnLoad

默认值为 false。在 router-view 中组件初次加载时是否使用过渡效果。默认情况下，组件在初次加载时会直接渲染，不使用过渡效果。

8. suppressTransitionError

默认值为 false。设定为 true 后，将忽略场景切换钩子函数中发生的异常。

7.1.9 route钩子函数

在使用 Vue-router 的应用中，每个路由匹配到的组件中会多出一个 route 选项。在这个选项中我们可以使用路由切换的钩子函数来进行一定的业务逻辑操作。以下面代码为例，介绍这些钩子函数的运行机制和触发时机。

```
var List = Vue.extend({
  template : '<h1>This is the No.{{ $route.params.page }} page</h1>',
  route : {
     data : function(transition) {
       console.log('data');
       transition.next();
     },
     activate : function(transition) {
       console.log('activate');
       transition.next();
     },
     deactivate: function(transition) {
       console.log(deactivate);
       transition.next();
    },
    canActivate : function(transition) {
       console.log('canActivate');
       transition.next();
    },
    canDeactivate : function(transition) {
       console.log('canDeactivate');
       transition.next();
    },
    canReuse : function(transition) {
```

```
            console.log('canReuse');
            return true;
        }
    }
});
```

由上面这个例子可以看出，route 提供了 6 个钩子函数，分别如下。

canActivate()：在组件创建之前被调用，验证组件是否可被创建。

activate()：在组件创建且将要加载时被调用。

data()：在 activate 之后被调用，用于加载和设置当前组件的数据。

canDeactivate()：在组件被移出前被调用，验证是否可被移出。

deactivate()：在组件移出时调用。

canReuse()：决定组件是否可被重用。这种场景通常发生在 /list/1 切换到 /list/2 时，如果 canReuse 返回值为 true，则组件在切换后会略过 canActivate 和 activate 两个阶段，直接调用 data 钩子函数。若 canReuse 返回值为 false，则需完整经历激活的三个钩子函数。

我们可以利用上文中的 List 组件设置一个路由规则：

```
router.map({
  '/home': {
      component: {
        template : '<h1>This is the home page</h1>',
      }
  },
  '/list/:page': {
      component : List
  }
})
```

在 home 和 list 之间切换，我们可以看到控制台输出结果如下：

```
canActivate                 5.html:66
activate                    5.html:58
data                        5.html:54
canDeactivate               5.html:70
deactivate                  5.html:62
>
```

在 /list/1 与 /list/2 之间切换，结果如下：

```
canActivate                 5.html:66
activate                    5.html:58
data                        5.html:54
canReuse                    5.html:74
data                        5.html:54
>
```

在每个钩子函数中，都接受一个 transition 对象作为参数，我们称之为切换对象。主要包含以下属性和方法。

transition.to：将要切换到路径的路由对象（路由对象详见第 7.1.6 小节）。

transition.from：当前路径的路由对象。

transition.next()：可以通过调用该方法使切换过程进入下一阶段，这样也就支持了在钩子函数内部使用异步方法的情况。比如进入某个路径前我们需要校验用户是否具有某种权限，而这一般需要和后端进行数据交互来进行验证。我们只需要在异步的回调函数中执行 transition.next() 即可确保在获取到数据后才执行切换过程的下一阶段。

transition.abort([reason])：调用该方法可以终止或者拒绝此次切换。需要注意的是，在 activate 和 deactivate 中调用该方法时并不会把应用退到前一个路由状态，只有在 canActivate 和 canDeactivate 内调用才会回退。

transition.redirect(path)：取消当前切换并重定向到另一个路由。参数接受字符串或者路由对象，并且如果不设定新的 params 和 query 的话，会保留原始 transition.to 的 params 和 query。

另外，这些钩子函数在切换过程中也起到了不同的作用，我们分类说明如下。

activate/deactivate：返回值可为 Promise 对象。ES6 提供了原生的 Promise 对象，可以通过直接返回 Promise.resolve(true)/Promise.reject([reason]) 来控制是否进行切换的下一步，或者返回 return new Promise(function (resolve，reject){resolve(true)/reject([reason]) })。

canActivate/canDeactivate：返回值可以是同 activate/deactivate 一样的 Promise 对象，也可以是布尔值 true/false，和使用切换对象 transition.next()/transition.abort() 效果一致。

data:data 钩子在每次路由变动的时候都会被调用，特别是当组件被重用时，往往跳过 activate 只执行 data 函数，如上述例子中的 /list/1 切换到 /list/2。所以我们经常把加载动态数据放在 data 钩子中执行，而且当组件从 activate 切换到 data 钩子时，会得到一个 $loadingRouteData 属性，默认值为 true，当 data 函数执行完进入下一步时将切换成 false。这样有助于我们做一些 loading 等待方面的处理，避免用户长时间得不到反馈。与其他钩子函数不同的是，我们可以在调用 data 函数的 transition.next(data) 时传入一个 data 对象，可以为组件的 data 附上相应的属性值。例如：

```
route: {
  data : function(transition) {
    transition.next({ page : transition.to.params.page })
  }
}
```

这样就可以赋值给了组件的 data.page。另外，还可以通过 Promise 的 then 回调函数中的返回值来设置，例如：

```
route: {
  data : function() {
    return Promise.all([
```

```
            // 后端数据接口，需要符合 Promise 形式，或可通过 vue-resource 插件实现
            // 详情可见第 7.2 节中的 vue-resource 的相关说明
            userService.getInfo(),
            productsService.getList()
        ]).then(function(reps){
            return {
                user : reps[0],
                products : reps[1]
            }
        })
    }
}
```

7.1.10 路由实例属性及方法

在 Vue-router 启动的应用中，每个组件会被注入 router 实例，可以在组件内通过 this.$router（或者使用路由对象 $route.router）进行访问。这个 router 实例主要包含了一些全局的钩子函数，以及配置路由规则，进行路由切换等 api。本节主要介绍路由实例的主要属性和 api 方法。

主要的公开属性有以下两个。

1. router.app

类型为组件实例，即为路由管理的根 Vue 实例，是由调用 router.start() 传入的 Vue 组件构造器函数创建的。

2. router.mode

类型为 String，值可以为 HTML5，hash 或 abstract，表示当前路由所采取的模式。

常见 api 方法如下：

1. router.start(App, el)

启动路由应用，通过传入的组件构造器 App 及挂载元素 el 创建根组件。

2. router.stop()

停止监听 popstate 和 hashchange 事件。调用此方法后，router.app 没有被销毁，仍可以使用 router.go(path) 进行跳转，也可以不使用参数直接调用 router.start() 来重启路由。

3. router.map()

定义路由规则的方法。包含 component 和 subRoutes 两个字段，主要用于 url 匹配的组件及嵌套路由。设定的路径也可以通过 : 冒号或 * 号的方式进行匹配，传递到路由对象 $route.params 中。

4. router.on()

添加一条顶级的路由配置，用法和 router.map 类似。例如：

```
router.on('/home', {
  component : {
```

```
    template : '<h1>This is the home page.</h1>'
  }
});
```

5. router.go(path)

跳转到一个新的路由。path 可以是字符串也可以是包含跳转信息的对象。若使用字符串时，url 直接替换成 path 的值。如果 path 不以 / 开头，则直接添加到当前 url 结尾。若 path 为对象，则支持以下两种格式：第一种为 { path : '…', append: true }，这种形式同直接使用字符串类似，append 选项为可选，若设置成 true，则确保 path 相对路径被添加到当前路径之后；第二种为 { name : '..', params : {}, query:{}}，name 为具名路径，params 和 query 为可选。另外，这两种格式都支持 replace 选项，若 replace 设置为 true，则该跳转不产生一个新的历史记录。

7.1.11　vue-router 2.0 的变化

随着 Vue.js 升级到 2.0 后，Vue-router 也相应做了升级。除了适配 Vue.js 2.0 外，vue-router 2.0 对自身的使用方式，属性及钩子函数也做出了明显的改变。本节主要从以下几个方面进行说明。

1. 使用方式

VueRouter 的初始化方式、路由规则配置和启动方式均发生了变化，例如：

```
const router = new VueRouter({
  // 路由规则在实例化 VueRouter 的时候就直接传入，而不是调用 map 方法再进行传递
  routes : [
    { path : '/home', component: Home}
    ….
  ]
})
// 启动方法也发生了变化，router 实例直接传入 Vue.js 实例中，并调用 $mount 方法挂载到
DOM 元素中
const app = new Vue({
  router : router
}).$mount('#app')
```

嵌套路由的配置方法也发生了变化，改用 children 属性来进行标记，而且其中的 path 路径不需要以 '/' 开头，否则会认为从根路径开头。

```
const router = new VueRouter({
 routes: [
  {
   path: '/biz',
   component: Biz,
   children: [
    {
     path: 'list',
```

```
            component: List
          },
          {
            path: 'detail',
            component: Detail
          }
        ]
      }
    ]
  })
```

2. 跳转方式

路由跳转的方式也发生了变化，首先是废弃了 v-link 指令，采用 <router-link> 标签来创建 a 标签来定义链接。例如：

```
<router-link to="/home">
  Home
</router-link>
```

其中的 to 属性和 v-link 所能接受的属性相同，例如 { name : 'home', params : {….}}。

其次使用 router 实例方法进行跳转的 api 也修改成了 push()，接受的选项参数基本没有变化，例如：

```
router.push({ name : 'home', params : {…} })
```

router.go() 方法不再表示跳转，而是接受一个整型参数，作用是在 history 记录中向前或者后退多少步，类似 window.history.go(n)。

router 实例的 api 方法 push()、replace()、go() 主要是模拟 window.history 下的 pushState()、replaceState() 和 go() 的使用方法来实现的，并且确保 router 在不同模式下（hash、history）表现的一致性。

3. 钩子函数

Vue-router 基本重新定义了自身的钩子函数，我们可以将其分为三个方面：

1）全局钩子。在初始化 VueRouter 后直接使用 router 实例进行注册，包含 beforeEach 和 afterEach 两个钩子，在每个路由切换前 / 后调用。

```
router.beforeEach((to, from, next) => {
  // to: 即将要进入的路由对象
  // from: 当前正要离开的路由对象
  // next: 进行下一状态，切记，一定要在结束业务逻辑后调用 next 函数，不然钩子函数就不
会被 resolved
})
router.after(route=> {
  // route : 进入的路由对象
})
```

2）单个路由钩子。这个需要在路由配置的时候直接定义，例如：

```
const router = new VueRouter({
  routes: [
    {
      path: '/home',
      component: Home,
      beforeEnter: (to, from, next) => {
         // 参数和全局钩子 beforeEach 一致
      }
    }
  ]
})
```

3）组件内钩子。在组件内定义，例如：

```
const Home = {
  template: `...`,
  beforeRouteEnter (to, from, next) => {
    // 参数与全局钩子 beforeEach 一致
    // 切记当前钩子执行时，组件实例还没被创建，所以不能调用组件实例 this
  },
  beforeRouteLeave (to, from, next) => {
    // 路由切换出该组件时调用，此时仍可以访问组件实例 `this`
  }
}
```

4．获取数据

由于钩子函数的变化，在 Vue.js 2.0 中也就不存在使用 data 钩子来处理请求数据的逻辑了，可以通过监听动态路由的变化来获取数据。例如：

```
const List = {
  template: '...',
  watch: {
    '$route' (to, from) {
       // 对路由变化作出响应，在此处理业务逻辑
    }
  }
}
```

而且在 Vue.js 2.0 中，我们既可以在导航完成之前获取数据，也可以在导航完成之后获取数据。在导航完成之后获取数据，是为了在获取数据期间展示一个 loading 状态，我们可以在组件的 create() 钩子函数和 watch：{ route：''} 中调用获取数据的函数，例如：

```
export default {
  data () {
    return {
```

```
      ….
    }
  },
  created () {
    // 组件创建完后获取数据
    this.fetchData()
  },
  watch: {
    // 如果路由有变化，会再次执行该方法
    '$route': 'fetchData'
  },
  methods: {
    fetchData () {
// 调用异步请求获取数据
…..
    }
  }
}
```

在导航获取之前完成数据，我们可以在 beforeRouteEnter 钩子中获取数据，并且只有当数据获取成功或确定有权限后才进行组件的渲染，否则就回退到路由变化前的组件状态。例如：

```
import pageSrv from './api/pages'  // 此处先模拟一个获取数据的模块

export default {
  data () {
    return {
      list : []
    }
  },
  beforeRouteEnter (to, from, next) {
    pageSrv.get(to.params.page, (err, data) =>
      if (err) {
        next(false); // 中断当前导航
      } else {
        next(vm => {
          vm.list = data;
        })
      }
    })
  },
  watch: {
    $route () {
      this.list = null;
      pageSrv.get(this.$route.params.id, (err, data) => {
```

```
        if (err) {
// 处理展示错误的逻辑
        } else {
          this.list = data;
        }
      })
    }
  }
}
```

5. 命名视图

Vue-router 2.0 中允许同级展示多个视图，而不是嵌套展示，可以通过给 <router-view> 添加 name 属性的方式匹配不同的组件，如果没有设置 name，默认为 default。例如：

```
<router-view></router-view>
<router-view name='main'></router-view>
const router = new VueRouter({
  routes: [
    {
      path: '/',
      components: {  // 要注意这里的属性是 components，而不是 component
        default: Nav,
        main: Main
      }
    }
  ]
})
```

7.2 Vue-resource

在实际开发 SPA 应用时，一般和后端都会采用异步接口进行数据交互。传统情况下，我们常用 jQuery 的 $.ajax() 方法来做异步请求。但 Vue.js 并不依赖于 jQuery，我们也并不需要为了异步请求这个功能就额外引用 jQuery。所以这里就和大家介绍下 Vue.js 的插件 Vue-resouce，它同样对异步请求进行了封装，方便我们同服务端进行数据的交互。本节以 Vue-resource 1.0.2 版本进行说明。

7.2.1 引用方式

同 vue-router 类似，我们可以直接引用 vue-resource 的 CDN 路径：

```
<script src="https://cdn.jsdelivr.net/vue.resource/1.0.2/vue-resource.min.js"></script>
```

也可以通过 npm install vue-resource 方式进行安装，并通过 Vue.use() 方法进行调用：

```
import VueResource from 'vue-resource';
Vue.use(VueResource);
```

7.2.2 使用方式

安装好 Vue-resource 之后，在 Vue 组件中，我们就可以通过 this.$http 或者使用全局变量 Vue.http 发起异步请求，例如：

```
var List = Vue.extend({
  route : {
    // vue-router 中的 data 钩子函数，
    data : function(transition) {
      //运行这段代码需要在服务器环境中，即 localhost 下，直接访问文件运行这段代码会抛出异常
      this.$http
          .get('/api/list?pageNo=' + transition.to.params.page);
          .then(function(rep){
             // 成功回调函数
             transition.next({
               list : rep.data
             });
          }, function(rep) {
             // 失败回调函数
             transition.next({
               data : rep.data
             });
          });
      }
  },
  template: '<h1>This is the list page</h1>'
})
```

this.$http 支持 Promise 模式，使用 .then 方法处理回调函数，接受成功 / 失败两个回调函数，一般会在回调函数中再调用 transition.next() 方法，给组件的 data 对象赋值，并执行组件的下一步骤。

7.2.3 $http的api方法和选项参数

this.$http 可以直接当做函数来调用，我们以下面这个例子来对其选项进行说明：

```
this.$http({
  url : '/api/list',    // url 访问路径
  method : '',        // HTTP 请求方法，例如 GET,POST,PUT,DELETE 等
  body : {},        // request 中的 body 数据，值可以为对象，String 类型 ， 也可以是
FormData 对象
```

```
    params : {},      // get 方法时 url 上的参数，例如 /api/list?page=1
    headers: {},      // 可以设置 request 的 header 属性
    timeout : 1500,  // 请求超时时长，单位为毫秒，如果设置为 0 的话则没有超时时长
    before  :  function(request)  {},  // 请求发出前调用的函数，可以在此对 request
进行修改
    progress: function(event)  {},  // 上传图片、音频等文件时的进度，event 对象会
包含上传文件的总大小和已上传大小，通常可以用来作为进度条效果
    credentials : boolean,  // 默认情况下，跨域请求不提供凭据（cookie、HTTP 认证及
客户端 SSL 证明等）。该选项可以通过将 XMLHttpRequest 的 withCredentials 属性设置为 true，
即可以指定某个请求强制发送凭据。如果服务器接收带凭据的请求，会用 Access-Control-Allow-
Credentials: trueHTTP 头部来响应
    emulateHTTP: boolean,  // 设置为 true 后，PUT/PATCH/DELETE 请求将被修改成
POST 请求，并设置 header 属性 X-HTTP-Method-Override。常用于服务端不支持 REST 写法时
    emulateJSON  :  boolean  //  设置为 true 后，会把 request  body 以 application/
x-www-form-urlencoded 的形式发送，相当于 form 表单提交。此时 http 中的 header 的 content-
type 即为 application/x-www-form-urlencoded。常用于服务器端未使用 application/json
编码时
```

此外，this.$http 还可以直接调用 api 方法，相当于提供了一些快捷方式，例如：

```
get(url, [options])
head(url, [options])
delete(url, [options])
jsonp(url, [options])
post(url, [body], [options])
put(url, [body], [options])
patch(url, [body], [options])
```

以上方法均可以采用 this.$http.get(url，options) 或 Vue.http.get(url，options) 这样类似的形式进行调用。

在发起异步请求后，我们可以采用 this.$http.get(…).then() 的方式处理返回值。.then() 接受一个 response 的参数，具体的属性和方法如下。

url: response 的原始 url。

body：response 的 body 数据，可以为 Object，Blob，或者 String 类型。

headers：response 的 Headers 对象。

ok: 布尔值，当 HTTP 状态码在 200 和 299 之间时为 true。

status: response 的 HTTP 状态码。

statusText: response 的 HTTP 状态描述。

另外还包含以下三种 api 方法。

text(): Promise 类型，把 response body 解析成字符串。

json(): Promise 类型，把 response body 解析成 json 对象。

blob(): Promise类型，把response body 解析成blob 对象，即二进制文件，多用于图片、音视频等文件处理。

7.2.4 拦截器

拦截器主要作用于给请求添加全局功能，例如身份验证、错误处理等，在请求发送给服务器之前或服务器返回时对 request/response 进行拦截修改，完成业务逻辑后再传递给下一步骤。Vue-resource 也提供了拦截器的具体实现方式，例如：

```
Vue.http.interceptors.push(function(request, next) {
  //修改请求
  request.method = 'POST';
  // 继续进入下一个拦截器
  next();
});
```

也可以对返回的 response 进行处理：

```
Vue.http.interceptors.push(function(request, next){
  request.method = 'POST';
  next(function(response) {
    // 修改 response
    response.body = '...';
  });
});
```

或者直接拦截返回 response，并不向后端发送请求：

```
Vue.http.interceptors.push(function(request, next) {
  // body 可自己定义，request.respondWith 会将其封装成 response，并赋值到 response.body 上
  next(request.respondWith(body, {
    status: 403,
    statusText: 'Not Allowed
  }));
});
```

7.2.5 $resource用法

Vue-resource 提供了一种与 RESTful API 风格所匹配的写法，通过全局变量 Vue.resource 或者组件实例中的 this.$resource 对某个符合 RESTful 格式的 url 进行封装，使得开发者能够直接使用增删改查等基础操作，而不用自己再额外编写接口。

我们先大致说明下 RESTful API：这是一种设计风格而不是标准，只是提供了一组设计原则和约束条件。它主要用于客户端和服务器交互类的软件。基于这个风格设计的软件可以更简洁，更有层次，更易于实现缓存等机制。在这种风格中，每个 url 路径代表一种资源（resource），所以路径中不推荐有动词，只能有名词，而且所用的名词往往与数据库的表格名对应，且一般采取复数的形式命名。而对于资源的具体操作类型，则由 HTTP 动词表示，即 GET/POST/PUT/PATCH/DELETE 等。

我们以产品 products 为例，设计出的 api 即为。

GET /api/products，：获取所有产品列表。

POST /api/products：新建一个产品。

GET /api/products/:id：获取某个指定产品信息。

PUT /api/products/:id：更新某个指定产品信息。

DELETE /api/products/:id：删除某个指定产品。

GET /api/products/:id/items：获取某个指定产品下的 items 信息列表。

在需要对信息进行过滤的情况下，以 query 参数形式进行筛选，例如：

```
GET /api/products?limit=10&offset=10&sortBy=name
```

简单说明完 RESTful 后，结合 this.$resource，我们可以使用与后端接口对接：

```
var products = this.$resource('/api/products{/id}');
// 相当于发起异步 GET 请求，访问 /api/products/1 接口，获取指定产品信息
products
  .get({ id : 1})
  .then(function(rep) {
     this.$set('products', rep.json());
  })
// POST /api/products 参数为 data，新建一个产品
products
  .save({}, data)
  .then(function(rep) {
….
  })
```

Vue-resource 提供了 6 个默认动作行为，分别为：

```
get: {method: 'GET'},
save: {method: 'POST'},
query: {method: 'GET'},
update: {method: 'PUT'},
remove: {method: 'DELETE'},
delete: {method: 'DELETE'}
```

除了默认行为外，Vue-resource 也允许我们自定义行为，例如：

```
var customActions = {
  order : { method: 'POST', url : '/api/products{/id}/orders'}
};
var products = this.$resource('/api/products{/id}');
// 即调用异步接口 POST /api/products/1/orders
products
  .order({ id : 1})
  .then(function(rep) { …. })
```

7.2.6 封装Service层

在编写 SPA 应用中，我们通常会把和后端做数据交互的方法封装成一个 Service 模块，供不同的组件进行使用。我们可以新建一个文件夹 api，将 Service 模块集中起来，并按资源进行分类。

以上述 products 资源为例：

```
/api/products.js
const API_URL = '/api/products;
export default {
  get(context, productId) {
    return context.$http({
      url : API_URL + '/' + productId,
      method : 'get'
    });
  },
  query(context, params) {
   return context.$http({
     url : API_URL,
     params : params
   })
  }
  .........
}
```

在组件中调用方式如下：

```
import productsSrv from './api/products.js';
var ProductDetail = Vue.component('product-detail', {
  route : {
    data : function(transition) {
      productsSrv
        .query(this, transition.to.params)
        .then(function(rep) {

        })
    }
  }
});
```

7.3 Vue-devtools

在开发时我们通常需要观察组件实例中的 data 属性的状态，方便进行调试。但一般组件实例并不会暴露在 window 对象上，我们无法直接访问到内部的 data 属性；若只通过 debugger 或 console.log 方法进行调试难免太过低效。所以 Vue.js 官方出了一款 chrome 插件 Vue-devtools，它可以在 chrome 的开发者模式下直接查看当前页面的 Vue 实例的组件结构和内部属性，方便我们直接观测。

7.3.1　安装方式

可以通过 Chrome Web Store 直接进行安装，地址为：

```
    https://chrome.google.com/webstore/detail/vuejs-devtools/nhdogjmejiglip
ccpnnnanhbledajbpd
```

也可以通过源码手动安装。

1）下载源码：git clone https://github.com/vuejs/vue-devtools。

2）进入目录：cd vue-devtools/。

3）安装依赖：npm install。

4）运行生成插件：npm run build。

5）进入 chrome 插件管理页面：chrome://extensions/。

6）勾选“开发者模式”，点击“加载已解压的扩展程序”，选择文件安装即可。

7.3.2　使用效果

在 Chrome 浏览器下访问 Vue.js 应用，打开“开发者模式”，会发现多了一个 Vue 的栏目，如图 7-1 所示。

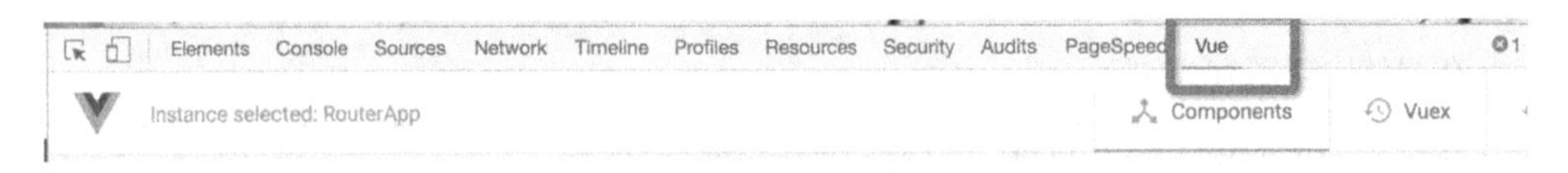

图7-1

点击后即可看到组件的结构和组件实例中的属性，并且点击组件内的子组件也可以获得子组件实例的属性，如图 7-2 所示。

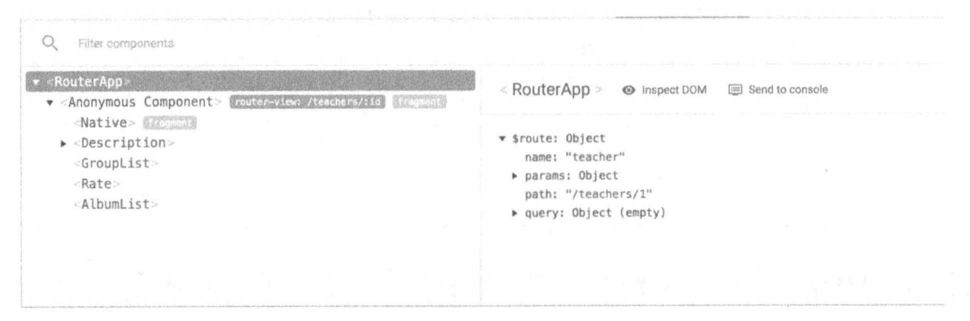

图7-2

另外，点击“send to console”即可见当前选中组件的 $vm 赋值到 window.$vm 上，这样在控制台中也可以对组件进行修改和调试。

第8章 Vue.js工程实例

本章主要介绍如何使用 Vue.js 进行实际 SPA 项目的开发，包括使用 Vue-router 和 Vue-resource 进行路由管理和后端数据交互，以及 webpack 和 vue-loader 进行模块化开发，代码编译和打包，最终通过自动部署工具 jenkins 来对项目进行自动化部署。

8.1 准备工作

在本章中，我们会采用 ES6 的语法进行开发，并使用 vue-loader 和 webpack 进行代码的编译，所以本章先介绍下这两个工具的使用方式和起到的作用。

8.1.1 webpack

webpack 是一款模块加载及处理工具，它能把各种资源，例如 JS（含 JSX）、coffee、样式（含 less/sass）、图片等都作为模块来使用和处理。也就是说，webpack 可以把 ES6 语法的 js 文件，sass 样式等无法直接在浏览器中使用的语言编译成浏览器支持的形式，也可以把需要的文件进行合并、压缩混淆，如图 8-1 所示。

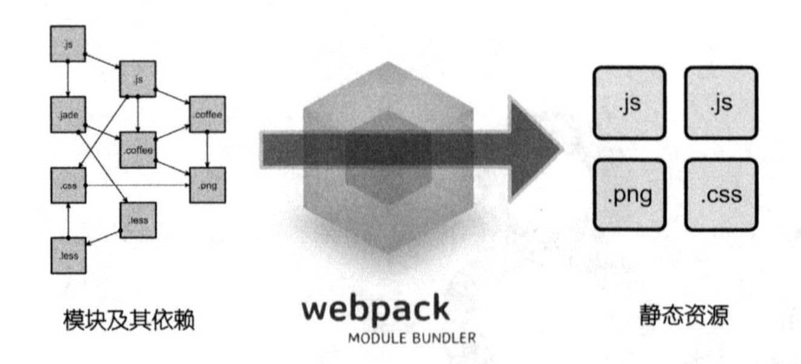

图8-1

我们可以使用 npm install webpack -g 的方式全局安装 webpack，然后在项目根路径下配置一个 webpack.config.js 文件，例如：

```
var HtmlWebpackPlugin = require('html-webpack-plugin')
module.exports = {
  // 页面入口文件配置
  entry: {
    index : './src/app.js'
  },
  // 入口文件输出配置
  output: {
    path: './dist,  // 输出目录
    filename: '[name].[hash].js'  // 设置输出文件名字，此例中为入口文件名字加上hash 值。使用 hash 值的原因是生成新文件后避免缓存导致用户没有更新到新的 js 文件
  },
  module: {
    // 加载器配置
    // 加载器会把 test 所匹配的文件加入 loader 进行处理
    // 例如下面的 babel，起到的作用就是将匹配到的 js 文件中下一代的 JavaScript（即使用 ES2015 、es6 等特性的 JavaScript）编译成能在当前浏览器环境下运行的 js 代码
    loaders: [
      {
        test: /\.js$/,  // test 即为匹配规则，此处即为将所有后缀为 .js 的文件加载进来
        loader: 'babel',    // loader 即为处理器，所有符合规则的文件会交由 loader 进行处理
        exclude: /node_modules/  //
      },
      // vue-loader 是对于 .vue 文件专门的处理器，能将 .vue 文件中的模板、样式、js 代码解析并编译成可执行的代码
      {
        test: /\.vue$/,
        loader: 'vue'
      },
    ]
```

```
    },
    // plugins 为 webpack 的插件功能，可利用一些第三方插件完成一些额外的操作
    // 例如 HtmlWebpackPlugin，这个插件可以帮助生成 HTML 文件，在 body 元素中使用
script 来引用 output 中最后输出的 js 文件
    plugins : [
      new HtmlWebpackPlugin({
        filename: 'index.html',
        template: 'index.html',
        inject: true
      })
    ]
  };
```

总结一下的话，上面这个例子的作用将会处理文件 ./src/app.js，将其所包含的依赖（通过 import 或 require 引入的其他 js 和 .vue 文件）文件，将其中的 ES6 语法编译成浏览器能运行的 JS 语法，以及处理 .vue 文件中的模板、样式和 JS 代码，最后将其合并成一个 js 文件，输出到 output 中设置的路径和名称，最后通过 HtmlWebpackPlugin 插件指定的 index.html 模板，将这个文件通过 script 形式插入到 <body> 中，最终生成静态文件 index.html 和 app.[hash].js 文件。

8.1.2 vue-loader

vue-loader 是 webpack 的一个 loader 加载器，用于处理我们编写的 .vue 文件。在早期进行组件化编写时，我们往往会把一个组件的 html、css、js 放在三个不同的文件中，然后利用编译工具再合到一起。这样产生的不便就是文件过多，修改一个组件需要打开三个文件，开发的过程中经常需要不断地切换视窗。然而 vue-loader 的出现，使得我们能将一个组件的 html、css、js 放在一个文件中，用不同的标签包裹住即可。vue-loader 会将这三块代码分别编译成可执行的代码。

使用之前，需要先按照 vue-loader，以及所需要的用作编译的其他 loader。

```
npm install \
  webpack webpack-dev-server \
  vue-loader vue-html-loader css-loader vue-style-loader vue-hot-reload-api \
  babel-loader babel-core babel-plugin-transform-runtime babel-preset-es2015 \
  babel-runtime\
  --save-dev
```

我们可以这样编写 .vue 文件：

```
<template>
  <ul>
    <li><a v-link="{ name : 'home'}">首页</a></li>
    <li><a v-link="{ name : 'list'}">列表页</a></li>
  </ul>
</template>
```

```
<script type="text/ecmascript-6">
  export default {
    data () {
      return {

      }
    },
    methods : {

    }
  }
</script>

<style>
ul {
  display: flex;
}
ul li {
  list-style: none;
  flex:1;
}
</style>
```

template 标签中的即为该组件的 DOM 结构，默认采用 HTML 形式，每个 .vue 文件中最多只能包含一个 template 标签。由于 template 采用的模板引擎是 consolidate.js(https://github.com/tj/consolidate.js)，支持大部分的模板语法，我们可以通过配置 template 的 lang 属性，使用不同的模板语法，例如：

```
<template lang="jade">
  ul.
    li
      a(v-link="{ name : 'home' }") 首页
    li
      a(v-link="{ name : 'list' }") 列表页
</template>
```

script 标签中即为该组件的 js 代码，且同 template 一样，一个 .vue 文件中最多只能包含一个 script 标签，而且最终必须输出（export）一个符合 Vue.extend() 参数规范的对象，用于建立 Vue 组件构建器。例如上例中 export default 输出的对象。

style 标签即为该组件的 CSS 代码，同个 vue 文件中可以包含多个 style 标签。除了直接使用 CSS 写法外，还可以通过配置 loader，支持 sass、less 等样式写法。另外还有一个 scoped 属性，添加之后，vue-loader 会把当前同 .vue 文件 template 中的 DOM 都添加一个 _v….. 的属性，并把 style 中的样式也加上对应的属性选择器，使得这部分样式仅在当前 vue 的 DOM 中生效。这个方式使得组件间的样式不会互相冲突，也不需要过长的命名来维护。例如：

```
<style scoped>
ul {
   display: flex;
}
ul li {
   list-style: none;
   flex:1;
}
</style>
<template>
   <ul>
     <li><a v-link="{ name : 'home'}">首页</a></li>
     <li><a v-link="{ name : 'list'}">列表页</a></li>
   </ul>
</template>
```

我们在浏览器中得到的输出的样式即为：

```
▼<style type="text/css">
        ul[_v-5584bc67] {
        display: -webkit-box;
        display: -ms-flexbox;
        display: flex;
        }

        ul li[_v-5584bc67] {
          list-style: none;
          -webkit-box-flex:1;
              -ms-flex:1;
                  flex:1;
        }
  </style>
```

HTML 结构为：

```
▼<ul _v-5584bc67>
  ▼<li _v-5584bc67>
     <a v-link="{ name : 'home'}" _v-5584bc67>首页</a>
   </li>
  ▼<li _v-5584bc67>
     <a v-link="{ name : 'list'}" _v-5584bc67>列表页</a>
   </li>
 </ul>
```

8.2 目录结构

Vue.js 有一款官方的脚手架生成工具 vue-cli，可以通过 npm install -g vue-cli 进行全局安装。之后就可以使用命令 vue init <template-name> <project-name> 进行脚手架的安装。

vue-cli 总共提供了 5 种脚手架（即可使用的 <template-name>），分别如下。

webpack：基于 webpack 和 vue-loader 的目录结构，而且支持热部署、代码检查、测试及 css 抽取。

webpack-simple：基于 webpack 和 vue-loader 的目录结构。

browerify：基于 Browerfiy 和 vueify（作用于 vue-loader 类似）的结构，支持热部署、代码检查及单元测试。

browerify-simple：基于 Browerfiy 和 vueify 的结构。

simple：单个引入 Vue.js 的 index.html 页面。

这里我们主要会使用 webpack 作为常用脚手架，可以运行 vue init webpack my-project 来生成项目。如图 8-2 所示。

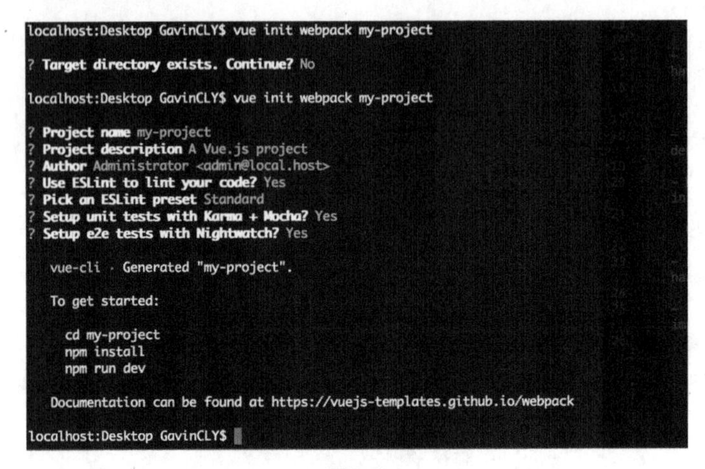

图8-2

生成的目录结构如图 8-3 所示。

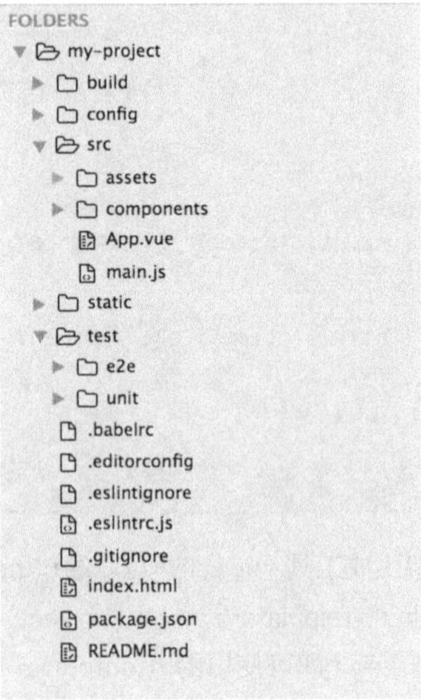

```
FOLDERS
▼ my-project
  ▶ build
  ▶ config
  ▼ src
    ▶ assets
    ▶ components
      App.vue
      main.js
  ▶ static
  ▼ test
    ▶ e2e
    ▶ unit
    .babelrc
    .editorconfig
    .eslintignore
    .eslintrc.js
    .gitignore
    index.html
    package.json
    README.md
```

图8-3

build：用于存放 webpack 相关配置和脚本。

config：主要存放配置文件，用于区分开发环境、测试环境、线上环境的不同。

src：项目源码及需要引用的资源文件。

static：不需要 webpack 处理的静态资源。

test：用于存放测试文件。

从 package.json 中，我们可以看到项目支持的命令有：

```
"scripts": {
  "dev": "node build/dev-server.js",  // 开发时启动的 server 服务
  "build": "node build/build.js",     // 代码编译
  "unit": "karma start test/unit/karma.conf.js --single-run",  // 运行单元测试
  "e2e": "node test/e2e/runner.js",  // 运行 e2e 测试
  "test": "npm run unit && npm run e2e",  // 运行单元测试和 e2e 测试
  "lint": "eslint --ext .js,.vue src test/unit/specs test/e2e/specs"  // 使用
eslint 进行语法检查
}
```

正常开发时，就会运行命令 npm run dev，启动一个小型的 express 服务。在这个 express 服务中，会使用 webpack-dev-middleware 和 webpack-hot-middleware 这两个中间件，来进行项目的热部署，即每次修改 src 中的文件后，不需要再按浏览器的刷新来更新代码，启动的 server 服务会自动监听文件的变化并编译，通知浏览器自动刷新。

8.3 前端开发

src 目录里面就是我们主要的前端开发文件，由于脚手架采用了 vue-loader，就可以把组件抽象成一个 .vue 文件，并把所需的样式和 DOM 结构都放在一起。我们以一个登录实例来展示整体的开发情况。

目录情况如下：

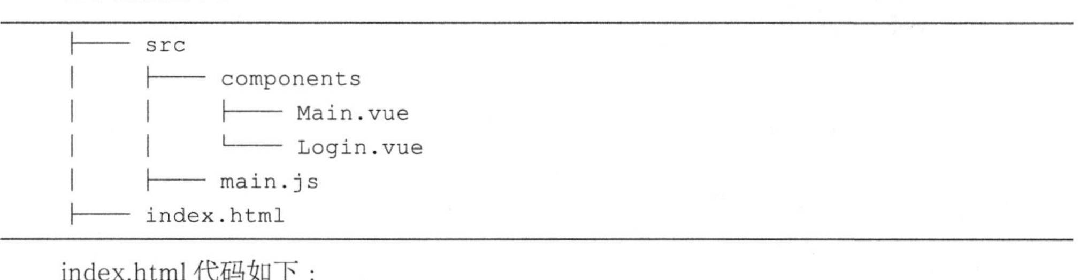

```
├── src
│    ├── components
│    │    ├── Main.vue
│    │    └── Login.vue
│    ├── main.js
├── index.html
```

index.html 代码如下：

```
<!DOCTYPE html>
<html>
  <head>
    <meta charset="utf-8">
    <title>my-project</title>
  </head>
  <body>
```

```
      <div id="app">
         <router-view></router-view>
      </div>
   </body>
</html>
```

./src/main.js 代码如下：

```
import Vue from 'vue'

// Vue.js 插件
// 这里使用了 vue-router，先运行 npm install vue-router -save 进行安装
import VueRouter from 'vue-router'

// 组件
import Main from './components/Main.vue'
import Login from './components/Login.vue'

Vue.use(VueRouter)

var router = new VueRouter({

})

router.map({
  '/': {
      name: 'main',
      component: Main
  },
  '/login': {
      name: 'login',
      component: Login
  }
})
var App = Vue.extend({
})
router.start(App, '#app')

components/Login.vue
<template>
  <div class="login">
      <div class="input-wrap">
         <input type="text" v-model="name" />
         <span v-if="error.name" class="err-msg">{{error.name}}</span>
      </div>
      <div class="input-wrap">
         <input type="password" v-model="pwd" />
```

```
        <span v-if="error.pwd" class="err-msg">{{error.pwd}}</span>
      </div>
      <div class="input-wrap">
        <button @click="login">提交</button>
      </div>
    </div>
</template>

<script>
export default {
  data () {
    return {
      name: '',
      pwd : '',
      error : {
        name : '',
        pwd : ''
      }
    }
  },

  methods : {
    check(name, pwd) {
      if(!name) {
        this.error.name = '请输入姓名';
          return false;
      }
      if(!pwd) {
        this.error.name = '请输入密码';
        return false;
      }
      return true;
    },

    login() {
      const { name, pwd, $router} = this;
      if(!this.check(name, pwd)) return;

      if(name == 'admin' && pwd == 123) {
        $router.go({ name : 'main' });
      } else {
        alert('用户名密码错误');
      }
    }
  }
}
```

```
</script>

<style scoped lang="scss">
.login {
   width: 300px; margin:10% auto;
}
</style>
```

需要注意的是在 style 标签中使用了 lang= “scss” 这样的属性，也就说此处的写法是需要符合 scss 规范的，而且我们需要在 webpack 的配置中加上 sass 的 loader 用来编译这段样式。vue-cli 默认的配置中并没有安装 sass-loader，所以需要自己手动安装一下 npm install sass-loader-dev-save。

在 build/webpack.base.conf.js 中，vue-loader 配置了所有的 CSS 的 loader 处理器，如图 8-4 所示。

```
module: {
},
vue: {
  loaders: utils.cssLoaders()
}
```

图8-4

引用的是 build/utils 中的方法，如图 8-5 所示。

```
exports.cssLoaders = function (options) {
  options = options || {}
  // generate loader string to be used with extract text plugin
  function generateLoaders (loaders) {
    var sourceLoader = loaders.map(function (loader) {
      var extraParamChar
      if (/\?/.test(loader)) {
        loader = loader.replace(/\?/, '-loader?')
        extraParamChar = '&'
      } else {
        loader = loader + '-loader'
        extraParamChar = '?'
      }
      return loader + (options.sourceMap ? extraParamChar + 'sourceMap' : '')
    }).join('!')

    if (options.extract) {
      return ExtractTextPlugin.extract('vue-style-loader', sourceLoader)
    } else {
      return ['vue-style-loader', sourceLoader].join('!')
    }
  }

  // http://vuejs.github.io/vue-loader/configurations/extract-css.html
  return {
    css: generateLoaders(['css']),
    postcss: generateLoaders(['css']),
    less: generateLoaders(['css', 'less']),
    sass: generateLoaders(['css', 'sass?indentedSyntax']),
    scss: generateLoaders(['css', 'sass']),
    stylus: generateLoaders(['css', 'stylus']),
    styl: generateLoaders(['css', 'stylus'])
  }
}
```

图8-5

所以如果用的是其他 CSS 预处理工具，也只需要安装不同的预处理 loader 即可，基本不用修改里面的 webpack 配置。

```
./src/components/main.vue
<template>
  <div class="main">
    <h1>{{ msg }}</h1>
  </div>
</template>

<script>
export default {
  data () {
    return {
      msg: 'Welcome to the Vue.js'
    }
  }
}
</script>

<style scoped lang="scss">
  .main {
    font-size: 14px;
    color: #58666e;
    background-color:#1c2b36;
  }
</style>
```

这样一个基本的登录校验及跳转主页面的功能就完成了，实际的效果与 url 路径如下。

登录页面如图 8-6 所示。

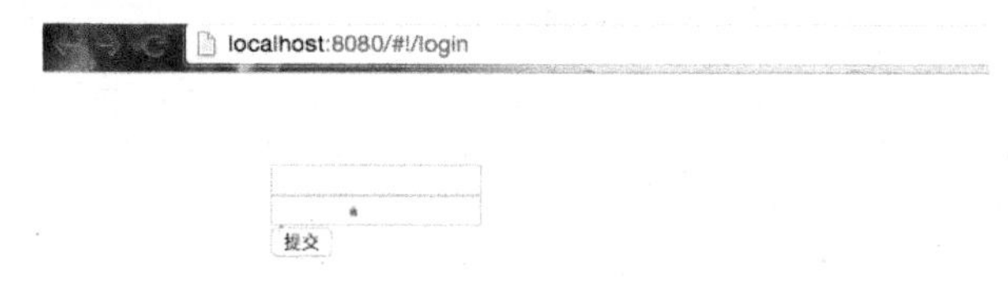

图8-6

错误提示页面如图 8-7 所示。

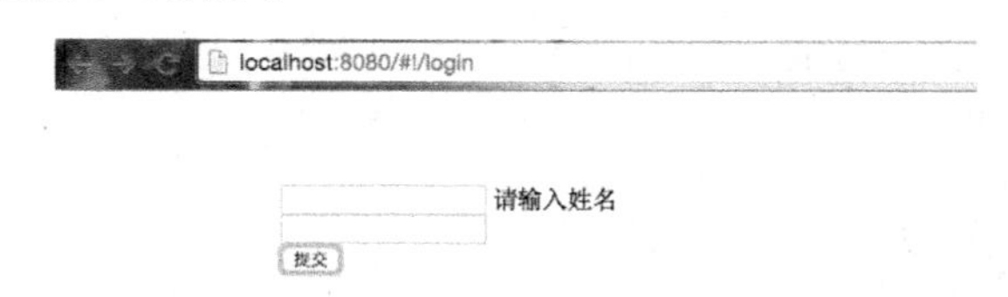

图8-7

输入 admin、123 成功跳转，如图 8-8 所示。

图8-8

8.4　后端联调

在正常开发中，前端和后端联调是必不可少的一环。由于我们已经采用前后端分离的方式进行开发，所以也就不需要在本地部署一套后端系统了。通常可以直接远程调用后端的数据接口（比如开发环境或测试环境的接口）。但在本地调试时，我们不能直接在前端页面中访问其他 ip 的接口，否则会有跨域的问题，所以一般也会在本地启动一个代理服务器，拦截前端页面的异步请求，从本地服务端转发到远程服务器，得到 response 后再返回给前端页面。

vue-cli 搭建的 webpack 脚手架中就包含了一个微型的代理服务器，我们只需要进行一些配置，就可以在本地调用远程服务接口，在 config/index.js 中：

```
var path = require('path')

module.exports = {
  build: {
    env: require('./prod.env'),
    index: path.resolve(__dirname, '../dist/index.html'),
    assetsRoot: path.resolve(__dirname, '../dist'),
    assetsSubDirectory: 'static',
    assetsPublicPath: '/',
    productionSourceMap: true,
    productionGzip: false,
    productionGzipExtensions: ['js', 'css']
  },
  dev: {
    env: require('./dev.env'),
    port: 8080,
    assetsSubDirectory: 'static',
    assetsPublicPath: '/',
    proxyTable: {},
    cssSourceMap: false
  }
}
```

dev 属性中的 proxyTable 就是服务的代理配置项，使用方式如下：

```
proxyTable : {
  '/api': {
    target: 'http://test.server.com',  // 远程服务域名
    changeOrigin: true,
    pathRewrite: {
      '^/api': '/api'
    }
  }
}
```

这样配置的作用相当于在前端页面发了一个 url 为 /api/users/1 的异步请求，代理服务器将其转发到了 http://test.server.com/api/users/1 上，然后返回数据，这样就不会出现跨域的问题，也实现了前后端分离和联调。proxyTable 最终会传递到 ./build/dev-server.js 中的 express 服务中，通过 http-proxy-middleware 中间件进行使用，详细的配置说明可以访问 https://github.com/chimurai/http-proxy-middleware 了解。

配置完代理服务器后，我们就可以使用 vue-resource 来进行数据请求了。通常会把单个资源的数据交互抽象成一个模块，添加到文件夹 api 中，供各组件调用。我们以 auth.js 为例，用于处理用户登录注册等方面的请求：

```
├── src
|   ├── api
|       ├── auth.js
```

./src/api/auth.js 代码如下：

```
const API_URL = '/api/auth';

export default {
  login(context, name, pwd) {
    return context.$http({
      url : API_URL + '/login',
      method : 'post',
      data : {
        name,
        pwd
      }
    });
  }
}
```

然后我们先修改 main.js，加入 vue-resource：

```
import VueResource from 'vue-resource'
Vue.use(VueResource)
```

然后将 ./src/components/Login.vue 中的 login 方法修改为：

```
import authSrv from './../api/auth.js'; // 引入 service 模块

login() {
  const { name, pwd, $router} = this;
  if(!this.check(name, pwd)) return;

  authSrv
   .login(this, name, pwd)
   .then(rep => {
      if(!rep.code) {
        $router.go({ name : 'main' });
      } else {
        alert('用户名密码错误');
      }
  })
}
```

需要注意的是，本地和正式上线的后端接口路径尽量保持一致，例如本地访问 http://localhost/api/auth/login，线上接口的地址最好也是 http://prod.api.com/api/auth/login，这样部署上线后不需要修改 /api 目录下模块的路径常量，否则可能需要 nginx 等服务器软件做代理服务。

8.5 部署上线

项目本地开发完成后，我们就需要将代码部署到线上服务器。在此之前，就需要把这些零散的文件打包压缩成一个 css 和 js 文件，以减少 HTTP 的请求数，避免额外的性能损耗。另外，我们也经常会用到版本管理工具和自动化部署工具，本节也会简单介绍下 gitlab 和 jenkins 这两个常用的开源项目，便于搭建自己公司的代码管理工具和自动化部署平台。

8.5.1 生成线上文件

vue-cli 中提供了代码编译、合并、压缩的脚本 build/build.js，运行 npm run build 后我们得到的文件，如图 8-9 所示。

```
dist
  static
    css
      app.f696f80ae2bede3c453746ddccec4c17.css
      app.f696f80ae2bede3c453746ddccec4c17.css.map
    js
      app.28310fe6bc28ebc232bc.js
      app.28310fe6bc28ebc232bc.js.map
      manifest.fe2498bc18e84037bc84.js
      manifest.fe2498bc18e84037bc84.js.map
      vendor.8b52980f1f6c6c6acfe4.js
      vendor.8b52980f1f6c6c6acfe4.js.map
  index.html
```

图8-9

build.js 将组件中的 css 编译合并成一个 app.[hash].css 的文件，js 则在合并后又拆解成了 3 个文件，app.[hash].js 包含了所有 components 中的 js 代码，vendor.[hash].js 包含了所有引用的 node_modules 中的代码，而 mainfest.[hash].js 则包含了 webpack 运行环境及模块化所需的 js 代码。这样拆分的好处是，每块组件修改重新编译后不影响其他未修改的 js 文件的 hash 值，这样能够最大限度地使用缓存，减少 HTTP 的请求数。

8.5.2 nginx

Nginx 是一款轻量级、高性能的 HTTP 和反向代理服务器。如果实际情况中前端的静态资源和后端服务需要分别部署在不同 ip 的服务器上时，我们就可以使用 nginx 配置来避免跨域的问题。

下面以 centos 为例，简单说明 nginx 的安装和配置。

Nginx 依赖于 pcre，openssl，zlib 这几个软件，首先通过 yum 进行安装：

```
yum install -y pcre pcre-devel
yum install -y zlib zlib-devel
yum install -y openssl openssl-devel
```

然后从 nginx 官网下载你所需要版本的压缩包。

```
wget http://nginx.org/download/nginx-1.8.0.tar.gz
```

解压后进入目录，并进行配置编译和安装。

```
tar zxvf nginx-1.8.0.tar.gz
cd nginx-1.8.0
./configure
make && make install
```

这样就安装在了默认路径 /usr/local/nginx 下，我们需要修改的配置文件为 conf/vhost/ 中的 *.conf 文件，通过配置 rewrite 方式将发送到前端服务器上的数据请求转发到后端服务器中。

例如，将打包好的 index.html 放置到 www.domain.com 下，而后端服务则在域名 data.domain.com 下，这时就需要进行如下配置：

```
server {
  listen      80;
  server_name www.domain.com;
  index index.html index.htm index.php;
  root /www/;   // index.html 放置的服务器目录

  location ^~ /api/ {  // 匹配所有以 www.domain.com/api/ 开头的请求
    proxy_pass http://data.domain.com; // 实际请求到的地址为 http://data.
domain.com/api/
  }
}
```

8.5.3 gitlab

GitLab 是基于 Ruby on Rails 的一个开源版本管理系统，实现一个自托管的 Git 项目仓库。我们可以在自己的服务器上搭建一套 Gitlab 系统，便于公司的代码管理。

Gitlab 可以通过官网 https://about.gitlab.com/downloads/，选择所需的服务器版本，然后根据提供的安装步骤进行安装，如图 8-10 所示。

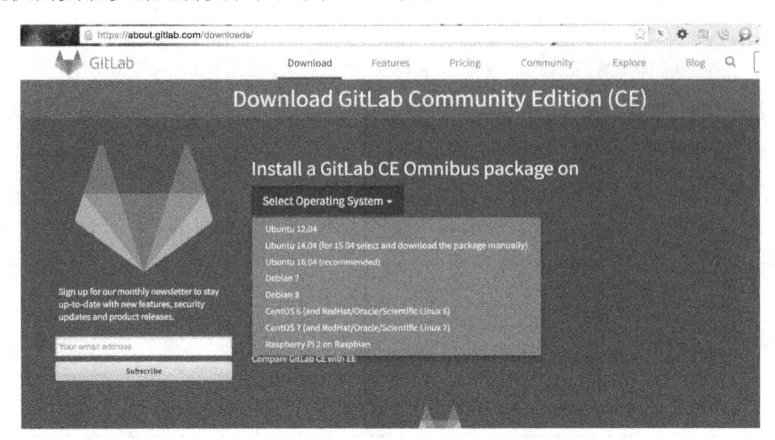

图8-10

安装好后可以通过提供的管理员账号进行登录，Gitlab 的使用方式和 Github 类似，我们可以为项目的前端项目工程新建一个 git，如图 8-11 所示。

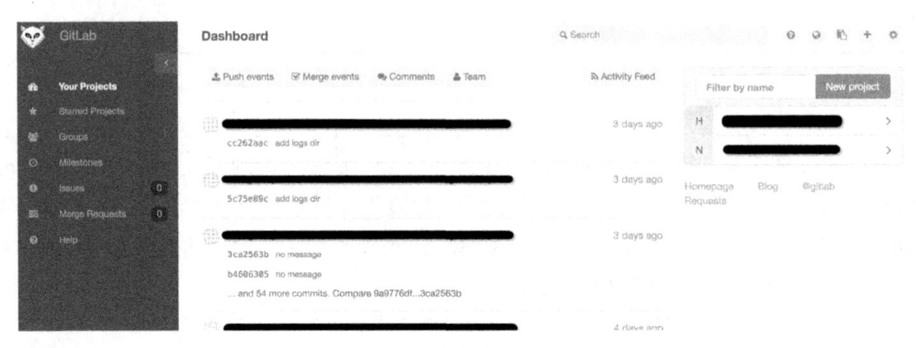

图8-11

一般来说，git 项目会分成 master、develop、feature、hotfix 这几种分支类型：

mater 为主分支，主要用于发布，代码永远处于稳定可产品化发布的状态。

develop 为开发分支，主要记录开发状态下相对稳定的版本。

feature 为功能分支，从 develop 上拉取代码，开发完成后再合并到 develop 分支上。经常用于一个大版本 develop 拆分成几个 feature 的场景，便于多个开发人员在同一版本迭代中开发各自不同的功能点，避免代码冲突，在开发完成后再合并到 develop 分支中进行测试。

hotfix 为紧急线上修复分支，需要从 master 上拉取分支进行 bug 修复，修复完成后分别并入 master 和 develop 分支。

8.5.4　jenkins

Jenkins 是一个开源的持续集成系统，方便开发者利用图形界面进行项目部署发布等固定操作，通常也会和 Gitlab 配合起来，在 git push 完成后触发设定好的操作，例如将代码部署到某个开发环境中。

Jenkins 本身是用 Java 开发的，需要 jdk 的环境，再从 http://mirrors.jenkins-ci.org/war/latest/jenkins.war 下载最新的 war 包，然后解压到某个固定目录就算安装完成了，非常方便。直接使用命令行 java -jar jenkins.war 即可，如果要以后台进程的方式启动，改成 nohup java -jar jenkins.war & 即可，启动过程中，它会将 war 包解压到 ~/.jenkins 目录下，并生成一些目录及配置文件，如图 8-12 所示。

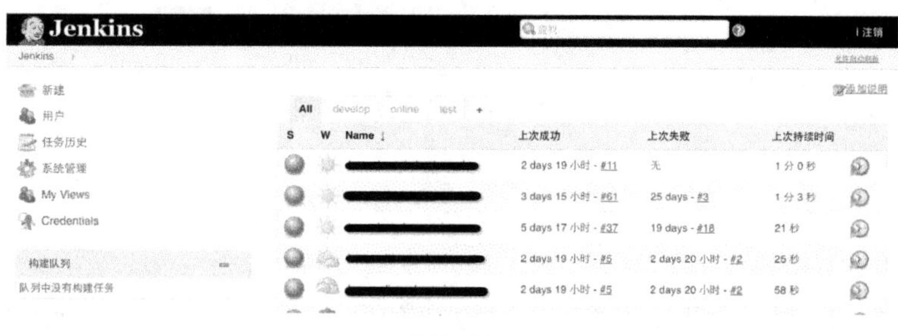

图8-12

Jenkins 中以‘Job’作为任务单位，我们可以通过新建 Job 进行配置，如图 8-13 所示。

图8-13

General：主要包含了 Job 的基本信息配置，例如项目名称、描述等属性，如图 8-14 所示。

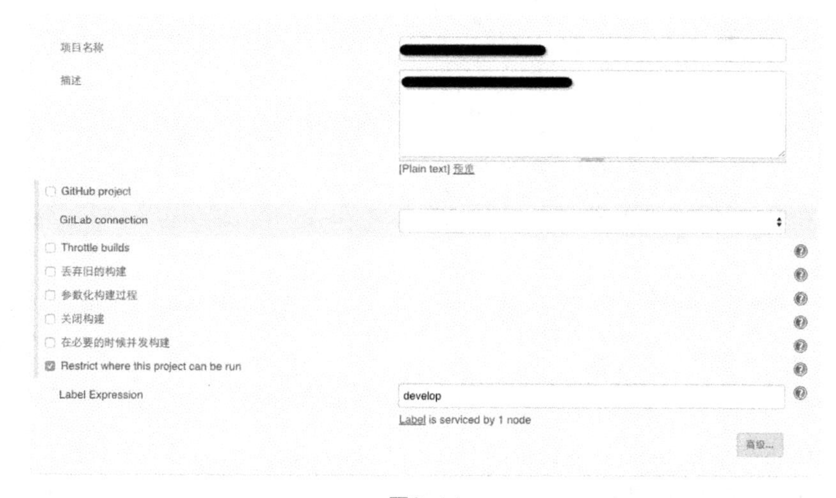

图8-14

源码管理：可以和 git 配合使用，主要用于 jenkins 拉取源码，如图 8-15 所示。

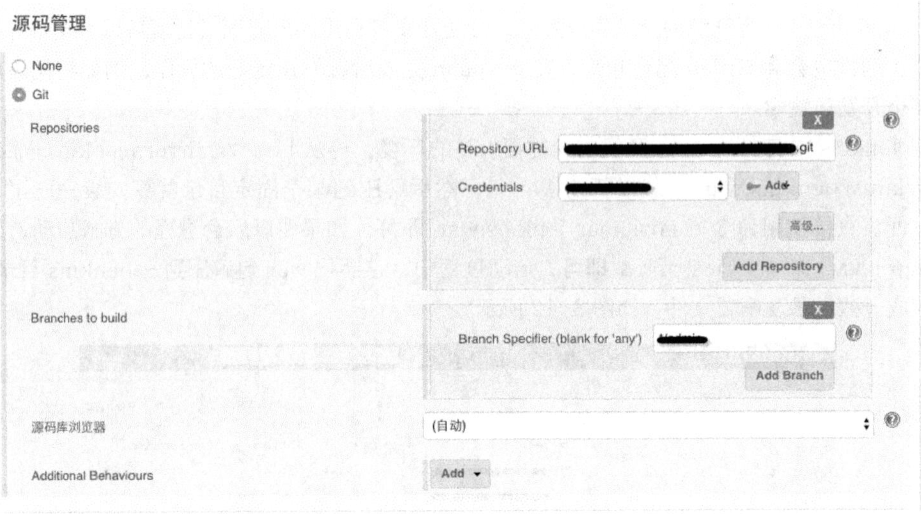

图8-15

构建触发器：对于在开发环境经常需要发布的项目来说，可以使用构建触发器，在 git push 后自动部署到开发服务器上，如图 8-16 所示。

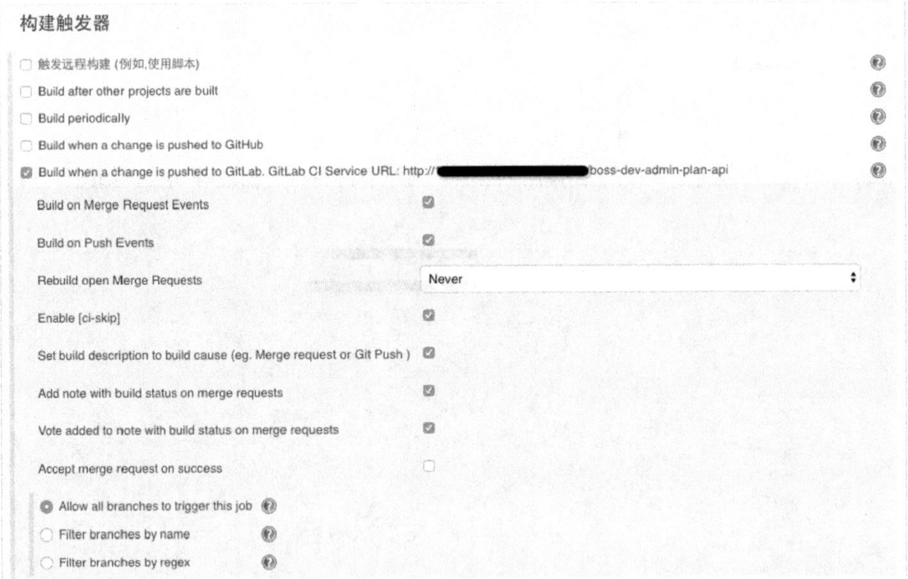

图8-16

在 GitLab 中配置 Jenkins 中提供的 GitLab CI Service URL，即可在分支 push 的时候就执行该 Job，如图 8-17 所示。

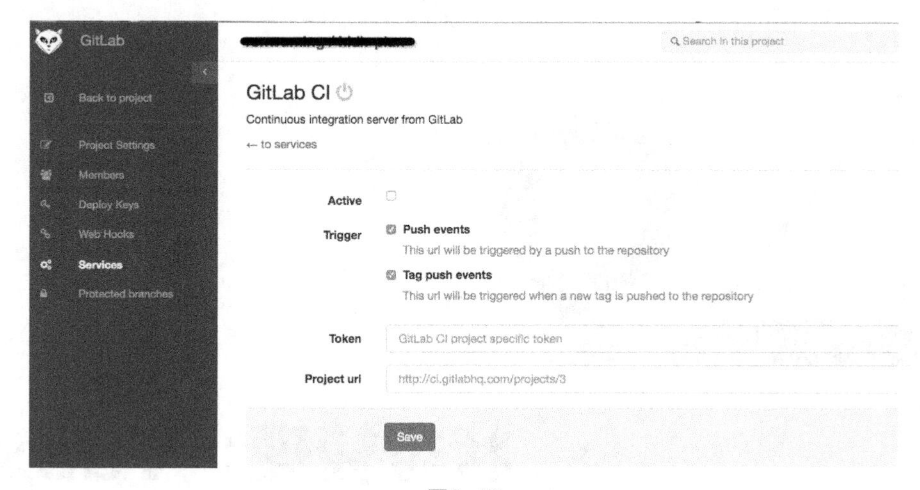

图8-17

构建环境：对 jenkins 所在的服务器上的环境做相应的配置，如图 8-18 所示。

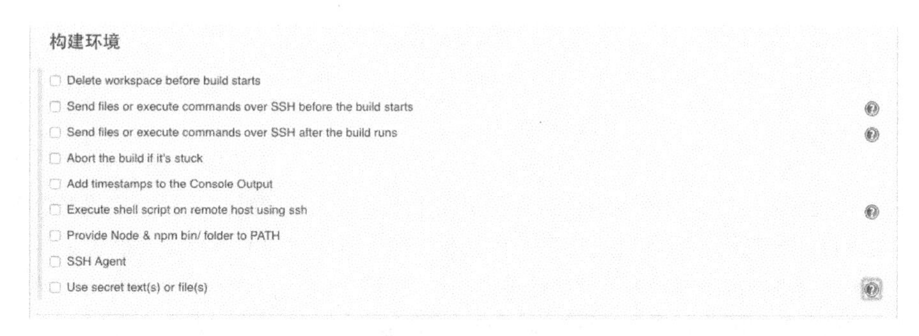

图8-18

构建：执行 shell 脚本，例如进行 npm run build 的编译行为，将源码编译成最终可执行的文件，并进行压缩合并及发布到线上服务器。

构建后操作：整个任务部署完成后可进行的操作，在这里可以配置邮件通知等行为。

小结

本章主要介绍了 Vue.js 在实际项目中的目录结构及应用，正式上线所需的编译、合并、压缩等步骤，本地开发时与后端的联调以及开发完成后自动化部署和服务器配置等。这些步骤中所涉及的 webpack、nginx、gitlab、jenkins 等工具的配备，虽然不是前端必须所掌握的技能，但对于设计整体的前端解决方案来说却是必不可少的环节。前端开发者也会逐渐从最初的页面编写、js 特效等方面成长为整体解决方案的提供者。

第 9 章 状态管理：Vuex

在一些大型应用中，有时我们会遇到单页面中包含着大量的组件及复杂的数据结构，而且可能各组件还会互相影响各自的状态，在这种情况下组件树中的事件流会很快变得非常复杂，也使调试变得异常困难。为了解决这种情况，我们往往会引入状态管理这种设计模式，来降低这种情况下事件的复杂程度并且使调试变得可以追踪。而 Vuex 就是一个专门给为 Vue.js 设计的状态管理架构。本章主要介绍 Vuex 的基本用法和一些使用场景。

9.1 概述

Vuex 是状态管理模式的一种实现库，主要以插件的形式和 Vue.js 进行配合使用，能够使我们在 Vue.js 中管理复杂的组件事件流。

通常情况下，每个组件都会拥有自己的状态，也可以理解成自身实例中的 data 对象。用户在操作的过程中，会通过一些交互行为，例如点击、输入、拖动等修改组件的状态，而此时往往需要将用户引起的状态变化通知到其他相关组件，让他们也进行对应的修改。由于 Vue.js 本身的事件流是依赖于 DOM 结构的，组件修改状态后需要经过一系列冒泡才能达到顶部的组件，而且如果需要修改兄弟组件的状态还需要共同的父组件再进行一次广播。这种方式无疑是低效而且不易维护的，我们也很难去追踪事件流的走向。

Vuex 则提供了一个集中式的事件流通道，类似于第 6 章中提到的在 Vue.js 2.0 中提供的 var bus = new Vue()，统一管理组件的事件流。具体的流程如图 9-1 所示。

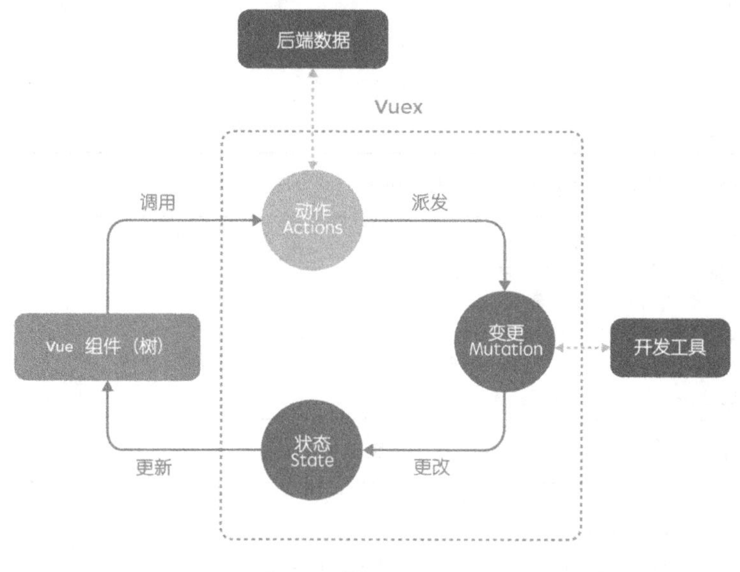

图9-1

9.2 简单实例

本节将借用一个简单的实例来讲述 Vuex 的基础用法，并对其中的核心概念 Store（仓库）、State（状态）、Mutations（变更）、Actions（动作）做进一步的说明。

在本例中，我们会实现一个列表的管理机制，主要包括列表元素的增加和删除。本节代码会采用 ES6 的语法进行说明。

9.2.1 所需组件

首先建立一个根组件，路径为 components/App.vue。该组件包含两个子组件，Side 组件用于控制列表元素的增加和删除，Content 组件则用于展示列表元素的内容。

```
<template>
  <div id="app">
    <side></side>
    <content></content>
  </div>
</template>

<script>
  import Side from './Side.vue'
  import Content from './Content.vue'
  export default {
```

```
    components : {
      Side,
      Content
    }
  }
</script>
```

创建 Side 子组件，components/Side.vue。

```
<template>
  <ul class="side list-unstyled">
    <li> 增加 </li>
    <li> 删除 </li>
  </ul>
</template>
```

创建 Content 子组件，components/Content.vue。

```
<template>
  <div class="content">
    <div class="item" v-for="item in items">
      {{ item.content }}
    </div>
  </div>
</template>
```

9.2.2 创建并注入store

传统方式下，如果需要通过 Side 组件去添加 Content 组件中的 item，只能依赖于根组件 App 来进行事件的监听和广播，这样既增加了耦合度，也使得 Side 组件和 Content 组件无法独立复用。

而在 Vuex 中，我们首先会增加 Store 这个概念，用于存储整个应用所需的信息，本例中将存储元素的列表。

首先，我们可以用 npm 先安装 Vuex。

```
npm install --save vuex
```

建立一个新文件 vuex/store.js，代码如下：

```
import Vue from 'vue'
import Vuex from 'vuex'

Vue.use(Vuex)

// 创建一个对象来保存应用启动时的初始状态
const state = {
```

```
  items: [], // items 为元素列表,
  name : " // 应用名称
}

// 用于更改状态的 mutation 函数
const mutations = {
  ….
};

export default new Vuex.Store({
  state,
  mutations
})
```

创建好 store 后，需要将其注入到我们的应用中，新建文件 app.js，引入 Vue, Vuex 及根组件 App.vue。

```
import Vue from 'vue'
import store from './vuex/store'
import App from './components/App.vue'

new Vue({
  store,
  el: 'body',
  components: { App }
})
```

9.2.3 创建action及组件调用方式

action 能够通过分发（dispatch），调用对应的 mutation 函数，来触发对 store 的更新。我们在相同目录下建立 vuex/actions.js。

```
export const addItem = ({ dispatch, store }, item) => {
  dispatch('ADD_ITEM', item);
}

export const deleteItem = ({ dispatch, store}) => {
  dispatch('DELETE_ITEM');
}
```

action 函数也可以通过异步请求向后端获取数据，或读取 store 中其他的相关数据后再进行分发。例如：

```
export const getDataFromServer = ({ dispatch, store}) => {
  // 这里只是进行一个说明，你需要自己引入所需的异步请求方法
  $.ajax({
```

```
        url : '/api/data',
        success : function(data) {
          diapatch('FETCH_DATA', data);
        }
    })
}
```

在 Vuex 中，组件不会直接修改 store 对象或者自身的状态，都是通过 action 的方法来进行分发。下面就来修改 component/Side.vue 文件，使之能调用 action 的方法。

```
// 修改 template，为增加、删除两个按键添加事件
<ul class="side list-unstyled">
  <li @click="addItem({ content : Math.random()})">增加</li>
  <li @click="deleteItem()">删除</li>
</ul>
<script>
import { addItem } from '../vuex/actions'

export default {
  data() {
    return {
    }
  },
  vuex: {
    actions: {
       addItem,
       deleteItem
    }
  }
}
</script>
```

由于之前已经注入了 store，所以在子组件中，我们多了一个新的选项 vuex。它可以包含一个 actions 属性，并将 actions.js 中定义的方法赋值进去，同时可以用于事件绑定。

9.2.4　创建mutation

action 分发后就由 mutation 来对 store 进行更新。需要修改之前的 vuex/store.js 文件，补全在 vuex/actions.js 中对应的两种行为。

```
const mutations = {
  ADD_ITEM (state, item) {
   state.items.push(item);
  },

  DELETE_ITEM (state) {
```

```
      state.items.pop();
    }
  };
```

对比 actions.js 中的方法和 mutations，可以看出 action 在调动 dispatch 的时候，需要准确地传入 action 的名称，并且需要和 mutations 对象中的属性保持一致。由于动作名称往往为常量，所以我们习惯用大写的形式来命名。在大型项目中，也会单独把动作名称集合抽象成一个模块，单独管理，例如抽象成 vuex/mutation-type.js。

```
export default {
  ADD_ITEM : 'ADD_ITEM',
  DELETE_ITEM : 'DELETE_ITEM'
  …..
}
```

vuex/actions.js 即可修改为：

```
import { ADD_ITEM } from './mutation-type.js'

export const addItem = ({ dispatch, store }, item) => {
  dispatch(ADD_ITEM, item);
}
```

vuex/store.js 中的 mutations 可修改为：

```
import { ADD_ITEM } from './mutation-type.js'

const mutations = {
  [ADD_ITEM](state, item) {
   …….
}
```

9.2.5 组件获取state

组件中的 vuex 选项除了 actions 属性外，还有一个 getters 属性，里面可以定义函数，接受的参数即为 vuex/store.js 中定义的 state 对象。

修改 components/Content.vue 如下：

```
export default {
  vuex: {
    getters: {
      // 这里采用的 ES6 的写法，你可以替换成
      // items : function(state) { return state.items }
      items: state => state.items
    }
```

```
    }
}
```

这样我们在这个组件实例中就获得了 state 中的 items 数组，在 template 中就可以直接使用 <li v-for= “item in items” ></li> 来遍历数据。

除了在组件中直接声明 getters 函数外，也可以将其抽象成一个模块。例如，新建一个 vuex/getters.js：

```
export function getItems(state) {
  return state.items;
}
```

components/Content.vue 即可修改成：

```
import { getItems } from '../vuex/getters';
export default {
  vuex: {
    getters: {
      items: getItems
    }
  }
}
```

getters 的使用并不是强制规定，只是一种最佳实践。特别是对于大型应用来说，很多组件可以共用 getters 方法，这样 state 中的值如果发生了变化，也只需要修改一个 getter 方法即可，而不用修改所涉及的所有组件。

小结

以上就是 vuex 所涉及的所有对象及使用方法，最终结果为：

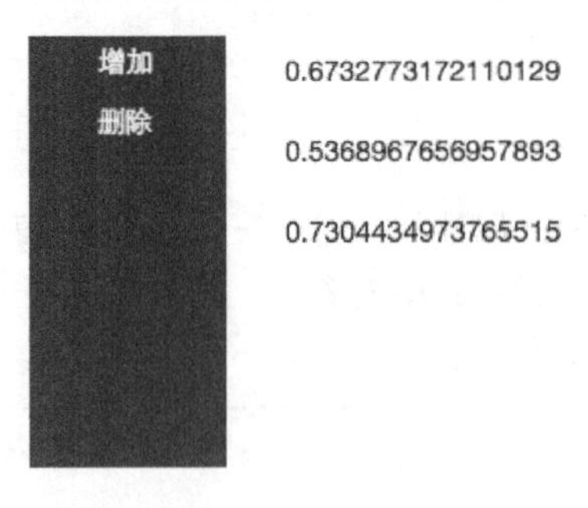

单击“增加”即可新增一行随机数，单击“删除”则去除数组最后一个随机数。我们可以从用户使用的角度来总结一下整体的流程。

1）操作组件：单击组件按钮，调用组件中获取的 action 函数。

2）action dispatch：action 函数不会直接对 store 数据进行修改，而是通过 dispatch 的

方式通知到对应的 mutation。

3）mutation：mutation 函数则包含了对 store 数据的具体修改内容。

4）store/state：store 是包含当前 state 的单一对象，数据更新后，自动通知到 getter 函数。

5）getter：getter 函数从 store 获取组件所需的数据。

6）组件展示：组件中使用 getter 函数，获取新的数据，进行展示。

上述例子只是为了展示 vuex 的基础用法，实际开发中我们不会为了维护一个数组而采取这么多步骤。在第 7.4 节中，我们会在这个例子的基础上进行修改，开发一个简易的 HTML5 页面编辑器。

9.3 严格模式

Vuex.store 具有严格模式，即当 Vuex State 在 mutation 函数之外的情况下被修改时，即会抛出错误。我们可以在创建实例时传入 strict:true 参数，即可开启严格模式：

```
const store = new Vuex.Store({
  //….
  strict : true
})
```

需要注意的是，不要在生产环境中开启严格模式。严格模式会对 state 树进行一个深入观察，会造成额外的性能损耗，所以可以将上述例子修改为：

```
const store = new Vuex.Store({
  //….
  strict : process.env.NODE_ENV !== 'production'
})
```

9.4 中间件

Vuex store 接受 middlewars 选项来加载中间件，例如：

```
const store = new Vuex.Store({
  // ….
  middlewares : [myMiddleware]
})
```

myMiddleware 是一个对象，可以包含设定好的钩子函数，例如：

```
const myMiddleware = {
  onInit(state) {
    // 在初始化的时候被调用，可以记录初始 state
    console.log(state);
  },
  onMutation(mutation, state) {
    // 每个 mutation 之后都会调用
```

```
    // 每个 mutation 参数格式为 { type, payload}
    console.log(mutation, state);
  }
}
```

我们可以在第 9.2 节的例子中加一个中间件，并进行增加和删除操作，观察输出的结果为：

```
▶ Object {type: "ADD_ITEM", payload: Array[1]}
▶ Object {__ob__: Observer}
▶ Object {type: "DELETE_ITEM", payload: Array[0]}
▶ Object {__ob__: Observer}
```

payload 即为 mutations 定义的 ADD_ITEM（state，item）中除了 state 外的后面所有参数的数组。

9.4.1 快照

可以在中间件内设置获取 state 的快照，用来比较 mutation 执行前后的 state。只需在设置中间件对象的时候新增 snapshot 选项及 onMutation 钩子函数。

```
const mySnap = {
  snapshot: true,
  onMutation (mutation, nextState, prevState) {
    // nextState 和 prevState 分别为 mutation 触发前和触发后对原 state 对象的深拷贝
  }
}
```

同严格模式一样，快照模式也建议只在开发模式下使用，处理方式与严格模式类似：

```
const store = new Vuex.store({
  //….
  middlewares : process.env.NODE_ENV !== 'production' ? [mySnap] : []
})
```

9.4.2 logger

为了方便调试和观察数据变化，Vuex 自带了一个 logger 中间件，使用方法如下：

```
// 使用的 vuex 版本是 0.82
import createLogger from 'vuex/logger';

const store = new Vuex.Store({
  middlewares : [createLogger()]
})
```

在调用 action 后，我们可以在控制台看到 logger 中间件输出的内容，记录了 mutation 的 type 和调用时间，以及 state 的变化过程：

```
▼ mutation ADD_ITEM @ 20:32:42.432                      build.js:20372
    prev state ▶ Object {items: Array[0]}               build.js:20377
    mutation                                            build.js:20378
  ▶ Object {type: "ADD_ITEM", payload: Array[1]}
    next state ▶ Object {items: Array[1]}               build.js:20379
>
```

createLogger 有以下几个选项可供配置。

1）collapsed：默认为 true，用于是否自动展开输出的 mutations。

2）transformer：类型为函数，接受 state 为参数，用于限定在控制台输出的部分 state。由于在大型应用中 state 通常会比较复杂，如果都直接输出到控制台会显得比较杂乱，所以可以用 transformer 进行控制。

3）mutationTransformer：类型为函数，接受 mutation 为参数，返回值即为控制台中输出的 mutation。默认为 { type：‘’，payload：‘’ }，我们也可以通过设定其返回值，来对控制台的输出进行自定义。例如，我们可以设置返回值为 return mutation.type，这样在控制台中仅会输出 mutation.type 的值，而不输出 mutation.payload

createLogger 使用选项的具体示例如下：

```
import createLogger from 'vuex/logger';

const logger = createLogger({
  collapsed: false,
  transformer (state) {
    return state.items
  },
  mutationTransformer (mutation) {
    return mutation.type
  }
})

const store = new Vuex.Store({
  middlewares : [logger]
})
```

9.5　表单处理

在 Vuex 的模式下，组件中的表单处理会稍显不同，因为表单“天然”的作用就是直接修改组件内状态，这和 Vuex 的 action → mutation → state 的修改方式显然并不符合。特别是在严格模式下。我们将第 9.2 节中的 components/content.vue 修改为：

```
<template>
  <div class="content">
    <div class="item" v-for="item in items">
      <input type="text" v-model="item.content" />
    </div>
  </div>
</template>
```

在用户输入时，就相当于直接修改state状态。而由于这个修改并不是在mutation中执行的，此时vuex就会抛出一个警告：

```
❷ ▶ [Vue warn]: Error when evaluating setter "item.content": Error: [vuex]    build.js:9271
  Do not mutate vuex store state outside mutation handlers. (found in component: <content>)
>
```

为了避免这种情况，也为了能够更好地跟踪state状态，我们会把表单元素绑定state的值，并在change或者blur事件中监听action行为，不推荐使用input，这样每次输入都会触发action，对性能消耗较大。例如：

```
<input :value="item.content" @change="updateContent($index, $event.
target.value)" >
// components/content.vue 的js修改为：
import { updateContent } from '../vuex/actions'

export default {
  vuex: {
    getters: {
      items: state => state.items
    },
    actions: {
      updateContent
    }
  }
}
// vuex/actions.js 中增加 updateContent 方法
export const updateContent = ({ dispatch }, index, value) => {
  dispatch('UPDATE_CONTENT', index, value)
}
// vuex/store.js 中增加 mutations 的 UPDATE_CONTENT 属性：
const mutations = {
// …..
  UPDATE_CONTENT(state, index, value) {
    // 需要注意的是，我们在本例中修改的是 items 数组对象中 content 的值
    // 如果直接写成 state.items[index].content = value, vue 是无法监听到数值变化的
    // 也就无法更新视图上的 content 值，所以此处用 $set 方式更新数据
```

```
    state.items.$set(index, { content : value });
  }
};
```

当然，如果你觉得没有必要跟踪 item.content 的值，也可以不将此内容放入 Vuex 中，完全当做组件的本地状态。一般和其他组件不产生影响的状态就可以这么处理。

此外，如果希望使用状态管理，又想继续使用 v-model，则可以通过 Vue.js 的计算属性来实现：

```
// 修改 components/content.vue
<div class="content">
  <input type="text" v-model="appName">
  …..
</div>
import { updateContent, updateName } from '../vuex/actions'
export default {
  vuex: {
    getters: {
      // ….
      name : state => state.name
    },
    actions: {
      // ….
      updateName
    }
  },
  computed: {
    appName: {
      get() {
        return this.name;
      },
      set(val) {
        this.updateName(val);
      }
    }
  }
}
// 修改 vuex/actions.js
export const updateName = ({ dispatch }, name) => {
  dispatch('UPDATE_NAME', name);
}
// 修改 vuex/store.js
const mutations = {
  // …..
  UPDATE_NAME(state, value) {
    state.name = value;
```

```
    }
};
```

我们在 input 中输入内容的时候就进行了 state 的更新，从 logger 中可以看到：

```
▼ mutation UPDATE_NAME @ 10:16:45.793                          build.js:19089
    prev state ▶ Object {items: Array[0], name: ""}            build.js:19094
    mutation UPDATE_NAME                                       build.js:19095
    next state ▶ Object {items: Array[0], name: "1"}           build.js:19096
  ▶ Object {items: Array[0], name: "12"}                       build.js:19077
  ▶ Object {items: Array[0], name: "1"}
▼ mutation UPDATE_NAME @ 10:16:46.406                          build.js:19089
    prev state ▶ Object {items: Array[0], name: "1"}           build.js:19094
    mutation UPDATE_NAME                                       build.js:19095
    next state ▶ Object {items: Array[0], name: "12"}          build.js:19096
  ▶ Object {items: Array[0], name: "123"}                      build.js:19077
  ▶ Object {items: Array[0], name: "12"}
▼ mutation UPDATE_NAME @ 10:16:46.781                          build.js:19089
    prev state ▶ Object {items: Array[0], name: "12"}          build.js:19094
    mutation UPDATE_NAME                                       build.js:19095
    next state ▶ Object {items: Array[0], name: "123"}         build.js:19096
  ▶ Object {items: Array[0], name: "1234"}                     build.js:19077
  ▶ Object {items: Array[0], name: "123"}
▼ mutation UPDATE_NAME @ 10:16:47.365                          build.js:19089
    prev state ▶ Object {items: Array[0], name: "123"}         build.js:19094
    mutation UPDATE_NAME                                       build.js:19095
    next state ▶ Object {items: Array[0], name: "1234"}        build.js:19096
>
```

这样既能使用 v-model，又对 state 状态进行了跟踪。如果觉得每次 input 事件都调用 action 会引起性能损耗的话，也可以使用 v-model 本身的 lazy 修饰符来降低调用频率。

9.6　目录结构

本节会介绍在实际项目中如何组织文件，以及用一个实例来展示 Vuex 试用的场景。由于 Vuex 的 actions 和 mutations 本身都只是一些函数，对存放位置并没有严格的要求，所以按照一定的规则来放置对熟悉其他 vuex 项目会非常有帮助。

9.6.1　简单项目

在第 9.2 节的例子中，我们可以这样组织目录：

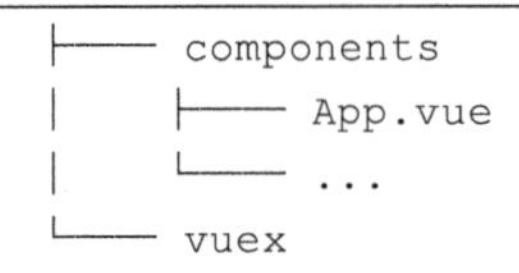

```
    ├─── store.js     // store 中包含了 state 和 mutations 对象
    ├─── actions.js
├─── index.html
├─── app.js
```

如果你的 state 和 mutations 内容偏多，也可以拆成独立的两个文件：

```
── vuex
    ├─── index.js     // store 中包含了 state 和 mutations 对象
    ├─── mutations.js
    ├─── actions.js
```

9.6.2 大型项目

在大型项目中，可以把相对独立的 state 分割成单独的模块，每个模块只修改自身的 state 状态。而对应的子模块文件中包含对应的 state 和 mutations。并且 action 的类型也可以单独集合成一个文件 mutation-types.js，避免 mutations 和 actions 中各自使用字符串常量，使得维护和修改更方便。

大型项目结构如下：

```
├─── api
    ├─── 后端数据交互接口
├─── components
│    ├─── App.vue
│    └─── ...
└─── vuex
    ├─── actions.js     // store 中包含了 state 和 mutations 对象
    ├─── store.js
    ├─── mutation-types.js
    ├─── modules
        ├─── moduleA.js
        ├─── moduleB.js
├─── index.html
├─── app.js
```

以 vuex/modules/moduleA.js 为例：

```
import { ACTION_A } from './../mutation-type'

const state = {
  rootA : {
  ……..
  }
}

const mutations = {
```

```
    [ACTION_A](state, param) {
      // 子模块中 mutations 的参数 state 值即为模块内设定的 state，无法获取其他模块的
state 状态
      // 子模块的 state 根节点不能在模块内部改写，即 state = { …. } 这样的写法是无效的
      // 只能用以下的写法修改状态
      state.rootA = …..
    }
  }

  export default {
    state,
    mutations
  }
```

vuex/store.js 中集合多个模块示例：

```
import Vue from 'vue';
import Vuex from 'vuex';
import ModuleA from './modules/moduleA';
import ModuleB from './modules/moduleB';
Vue.use(vuex);

export default new Vuex.store({
  modules : {
    moduleA,
    moduleB
  }
})
```

此时整体的 state 值就变成了：

```
{
  module_a : {
    rootA : {
    ……
    }
  },
  module_b : {
    ….
  }
}
```

从上面这个例子可以看出，我们已把每个模块的 state 和 mutations 合并在一个文件中，而 actions.js 仍统一放置在 vuex 目录下。这是因为 action 可能会触发多个模块的 mutations。例如在 vuex/actions.js 中，可以写成如下：

```
import * as actions from './mutation-types';
export const updateModuleA = ({ dispatch }, param) => {
  dispatch(actions.MODULE_A, param);
  dispatch(actions.MODULE_B, param);
}
```

此时，这个 action 行为就触发了两个分属不同模块的 mutations，修改了两次 state。如果我们加入了 logger 的中间件，就可以看到控制台中输出了：

```
▼ mutation MODULE_A @ 04:49:58.262                                  build.js:19066
    prev state ▶ Object {module_a: Object, module_b: Object}        build.js:19071
    mutation ▶ Object {type: "MODULE_A", payload: Array[1]}         build.js:19072
    next state ▶ Object {module_a: Object, module_b: Object}        build.js:19073
  ▶ Object {__ob__: Observer}                                       build.js:19457
  ▶ Object {module_a: Object, module_b: Object}                     build.js:19054
  ▶ Object {module_a: Object, module_b: Object}
▼ mutation MODULE_B @ 04:49:58.267                                  build.js:19066
    prev state ▶ Object {module_a: Object, module_b: Object}        build.js:19071
    mutation ▶ Object {type: "MODULE_B", payload: Array[1]}         build.js:19072
    next state ▶ Object {module_a: Object, module_b: Object}        build.js:19073
```

9.7 实例

本节会利用 vuex 制作一个简单的 h5 页面排版工具，我们预设了一些文字和图片排版样式的组件，用户可以自主选择需要的组件并输入内容进行简单的排版。

最终的使用界面如图 9-2 所示。

图9-2

整个项目会采取 ES6 的写法，采用 webpack 作为编译工具，并使用 vue-loader 来处理 *.vue 文件，整体目录结构如下：

```
├── base  // 该目录下包含了所有文字和图片排版样式组件
    ├── Image.vue
```

```
        ├── Text.vue
        ├── …….
    ├── components
        ├── App.vue
        └── Content.vue  // 编辑区域组件
        └── Side.vue  // 侧边栏组件，用于添加组件
        └── Toolbar.vue  // base 组件控制器，用于改变排序和删除
    ├── utils
        ├── factory.js // base 组件的工厂函数
    └── vuex  // 本例只是一个简单的 demo，并没有采取分成子模块的方式
        ├── store.js
        ├── actions.js
    ├── index.html
    ├── app.js
```

9.7.1 state结构

由于 Vue.js 本身的特点就是数据驱动视图，所以一开始就会先设定好 state 的结构及 mutations 方法。vuex/store.js 代码如下：

```
import Vue from 'vue'
import Vuex from 'vuex'
import createLogger from 'vuex/logger'
import createElement from './../utils/factory.js'

Vue.use(Vuex)

const state = {
  items: [],  // 用于存储 base 组件数据结构的数组
  isPreview : false  // 当前形式为可编辑或预览状态
}

const mutations = {
  ADD_ITEM (state, type) {
    state.items.push(createElement(type));  // 利用工厂模式增加 base 组件
  },

  DELETE_ITEM (state, index) { // 删除 base 组件
    state.items.splice(index, 1);
  },

  SORT_ITEM(state, index, newIndex) {  // 改变 base 组件排序
    var origin = state.items.splice(index, 1)[0]
    state.items.splice(newIndex, 0, origin);
```

```
  },

  UPDATE_ITEM(state, index, key, value) {  // 更新 base 组件内容
    var origin = state.items[index];
    origin[key] = value;
    state.items.$set(index, origin);
  },

  TOGGLE_PREVIEW(state) {
    state.isPreview = !state.isPreview;  // 切换当前预览 / 编辑模式
  }

};

export default new Vuex.Store({
  state,
  mutations,
  middlewares : [createLogger({
    collapsed : false,
  })]
})
```

utils/factory.js 用于生成 base 组件的数据类型，代码如下：

```
function createElement(type) {
  switch(type) {
    case 'text' :  //  base/Text.vue 组件的数据结构
      return {
          type,
          content : '请输入内容'
      }
    case 'eleImage' :  //  base/Image.vue 组件的数据结构
      return {
          type,
          url : ''
      }
    case 'mix' :
      return {
        type,
        url : '',
        content : ''
    }
  }
}
export default createElement;
```

9.7.2　actions.js

该示例中的 actions.js 较为简单，暂时不涉及后端数据交互，确认好所需的参数和 dispatch 调用的方法即可。vuex/actions.js 代码如下：

```
// 新增列表元素
export const addItem = ({ dispatch }, type) => {
  dispatch('ADD_ITEM', type)
}
// 删除列表元素
export const deleteItem = ({ dispatch }, index) => {
  dispatch('DELETE_ITEM', index)
}
// 对列表元素进行排序
export const sortItem = ({ dispatch }, index, newIndex) => {
  dispatch('SORT_ITEM', index, newIndex)
}
// 更新列表元素内容
export const updateItem = ({ dispatch }, index, attr, value) => {
  dispatch('UPDATE_ITEM', index, attr, value)
}
// 切换当前模式
export const togglePreview = ({ dispatch }) => {
  dispatch('TOGGLE_PREVIEW');
}
```

9.7.3　app.js

此例中的 app.js 较为简单，仅仅是引入了 store 对象，设置了根元素和包含的根组件。app.js 代码如下：

```
import Vue from 'vue'
import store from './vuex/store'
import App from './components/App.vue'

new Vue({
  store,
  el: 'body',
  components: { App }
})
```

9.7.4　组件结构

示例中整体包含 4 个功能组件如下：

① App.vue：整个应用的根组件。

② Side.vue：侧边栏组件，用于增加 base 组件及预览 / 编辑模式的切换。

③ Content.vue：base 组件列表。

④ Toolbar.vue：base 组件的工具栏。

components/App.vue 代码如下：

```
<template>
  <div id="app">
    <side></side>
    <content></content>
  </div>
</template>

<script>
  import Side from './Side.vue'
  import Content from './Content.vue'
  export default {
    components : {
      Side,
      Content
    }
  }
</script>
```

components/Side.vue 代码如下：

```
<template>
  <div class="side">
    <button class="toggle" @click="togglePreview()">
      <template v-if="isPreview">编辑</template>
      <template v-else>预览</template>
    </button>
    <ul class="list-unstyled" v-show="!isPreview">
      <li @click="addItem('text')">文字</li>
      <li @click="addItem('eleImage')">图片</li>
      <li @click="addItem('mix')">图文</li>
    </ul>
  </div>
</template>

<script>
  import { addItem, togglePreview } from '../vuex/actions'

  export default {
    data() {
      return {
      }
```

```
    },
    vuex: {
      getters : {
        isPreview: state => state.isPreview
      },
      actions: {
        addItem,      //  添加base组件
        togglePreview   // 切换state.isPreview状态
      }
    }
  }
</script>
```

components/Content.vue 代码如下：

```
<template>
  <div class="content">
    <div class="item" v-for="item in items">

      <toolbar v-if="!isPreview" :item="item" :item-index="$index"></toolbar>
      <!—
          此处用了一个动态组件，即根据item.type去加载对应的base组件
          需要注意的是item.type的值需要和components选项中的属性对应起来
          例如：item.type为text，components中的属性为Text
      -->
        <components :is="item.type" :item="item" :item-index="$index"></
components>
    </div>
  </div>
</template>

<script>
  import Text from './../base/Text.vue';
  import EleImage from './../base/Image.vue';
  import Mix from './../base/Mix.vue';
  import Toolbar from './Toolbar.vue';

  export default {
    components : {
      Text
      , EleImage
      , Mix
      , Toolbar
    },
    vuex: {
      getters: {
```

```
          items: state => state.items,
          isPreview : state => state.isPreview
        }
      }
    }
</script>
```

components/Toolbar.vue 代码如下：

```
<template>
  <ul class="item-controls">
    <li>
      <!—组件上移一位，在首位的时候不显示这个图标 -->
      <i v-if="itemIndex != 0" @click="sortItem(itemIndex, itemIndex - 1)"
        class="glyphicon glyphicon-chevron-up">
      </i>
    </li>
    <li>
      <!— 删除这个组件 -->
      <i @click="deleteItem(itemIndex)" class="glyphicon glyphicon-remove">
</i>
    </li>
    <li>
      <!— 组件下移一位，在末位的时候不显示这个图标 -->
      <i v-if="itemIndex != items.length - 1" @click="sortItem(itemIndex,
itemIndex + 1)"
        class="glyphicon glyphicon-chevron-down">
      </i>
    </li>
  </ul>
</template>

<script>
  import { deleteItem, sortItem } from '../vuex/actions'

  export default {
    props : ['item', 'itemIndex'],

    vuex: {
      getters: {
        items: state => state.items
      },
      actions: {
        deleteItem,
        sortItem
      }
```

```
      }
    }
  </script>
```

9.7.5 base组件

base组件即是可供排版的组件，这个组件主要对应state中items数组中的单个item。每个组件提供了一定的样式和可供修改的内容。我们以Text.vue和Image.vue两个组件来进行说明。

```
  base/Text.vue
  <template>
    <div class="text-wrap">
      <!—组件提供两种模式，非预览模式下才可以进行编辑 -->
      <div v-if="!isPreview">
        <!—
              此处的textarea没有绑定v-model，而是在blur的时候触发了actions.
updateItem ,
              以此来修改state的状态
        -->
          <textarea  :value="item.content"  @blur="update"  class="form-
control"></textarea>
      </div>
      <!— 预览模式，仅可见内容，无法进行修改 -->
      <div v-else class="preview">
        {{ item.content }}
      </div>
      <div class="split"></div>
    </div>
  </template>

  <script>
    import { updateItem } from '../vuex/actions'

    export default {
      props : ['itemIndex', 'item'],
      vuex: {
        getters : {
          isPreview : state => state.isPreview
        },
        actions: {
          updateItem
        }
      },
      methods : {
       update(e) {
```

```
          this.updateItem(this.itemIndex, 'content', e.target.value);
        }
      }
    }
  </script>
  base/Image.vue
  <template>
    <div>
      <!—此处和 Text.vue 一样，也是通过 state.isPreview 的值来控制是否为预览模式 -->
      <div v-if="!isPreview">
        <input v-el:file v-if="!item.url" @change="upload" class="form-
control" type="file">
        <img v-if="item.url" :src="item.url">
      </div>
      <div v-else>
        <img v-if="item.url" :src="item.url">
      </div>
    </div>
  </template>

  <script>
    import { updateItem } from '../vuex/actions'

    export default {
      props : ['itemIndex', 'item'],
      vuex: {
        getters : {
          isPreview : state => state.isPreview
        },
        actions: {
          updateItem
        }
      },
      methods : {
        upload(e) {
          var fileElement = this.$els.file;
          var file = fileElement.files[0];
          // 获取 input 上传的文件，由于此实例不和后端交互，
          // 所以直接获取文件在该 document 中的 url 路径，进行展示
          var blobURL =  window.webkitURL.createObjectURL(file);
          this.updateItem(this.itemIndex, 'url', blobURL);
        }
      }
    }
  </script>
```

9.7.6 展示结果

最终运行代码结果如图 9-3 所示。

图9-3

用户可以在侧边栏中添加任意组件，并在右侧修改其内容或进行排序，也可以切换预览状态，对最终效果进行查看，如图 9-4 所示。

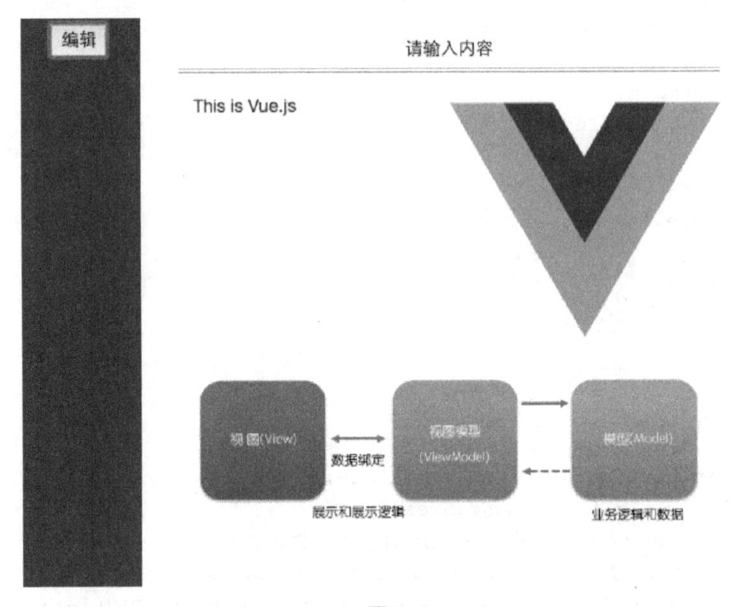

图9-4

对于编辑的结果，我们可以将 state 中的数据保存到后端，并新建一个类似于 preview.vue 这样的组件，只展示 items 的预览模式，这样就可以供普通用户进行访问和查看。我们也可以利用类似于 html2canvas 的框架，将当前页面内容保存成图片，这样也就省去了部分开发页面的工作量。

9.8 Vue.js 2.0的变化

同 Vue-router 一样，随着 Vue.js 2.0 的更新，Vuex 也推出了新的 2.0 版本。其中，Vuex 主要在语法层面、模块移植和组合以及配合 Vue.js 2.0 的新特性服务端渲染方面进行了修改，所以组件调用 Vuex 的方式发生了比较大的变化，本节主要从使用方法上对 2.0 进行部分说明。

9.8.1 State

Vuex 2.0 中废除了组件中的 vuex 选项，组件本身就可以通过 this.$store.state 的方式获取数据，考虑到 state 中的数据是时常更新的，官方推荐在计算属性中设定获取 state 数据，例如：

```
const Content = {
  template: '<div class="item" v-for="item in items">{{ item }}</div>',
  computed: {
    items () {
      return this.$store.state.items
    }
  }
}
```

而当一个组件中需要获取 state 内多种属性时，Vuex 提供了一个 mapState 的帮助函数，可以简化上述的写法：

```
import { mapState } from 'vuex'

export default {
  // ...
  computed: mapState({
    items: state => state.items,
    // 可以直接赋值字符串，等价于 state => state.items
    itemsAlias: 'items',
    // 函数内可调用组件实例 this，可以对 state 的数据加上组件内部的处理
    localItems (state) {
      return state.items.push(this.localItems)
    }
  })
}
```

mapState 除了接受对象参数之外，也接受数组参数，相当于直接获取 state 中的多个属性，且在当前组件内 state 属性按原名调用，例如：

```
computed: mapState([
  // 组件实例 this.count 即为 store.state.count
```

```
    'count'
  ])
```

另外，当组件内本身就含有计算属性时，我们可以通过…扩展运算符来进行书写，这样代码看上去更简洁，例如：

```
computed: {
  localComputed () { /* ... */ },
  ...mapState({
     items: state => state.items
  })
}
```

...mapState（{}）会将自身内部的属性添加到新的对象中，即最后 computed 接收到的对象为 { localComputed : function(){...}, items : function(){...}}。

9.8.2 Getters

Vuex 2.0 中将原先游离于外部的 Getters 模块包含了进来，我们在声明一个 Vuex.Store() 实例的时候可以直接传入 getters 对象，对象属性为可接受 state 参数的函数，例如：

```
const store = new Vuex.Store({
  state: {
    items: [
      { id: 1, type: 'text' },
      { id: 2, type: 'image' }
    ]
  },
  getters: {
    getTexts: state => {
      return state.items.filter(item => item.type == 'text')
    }
  }
})
```

我们在组件内就可以通过 this.$store.getters.getTexts 直接获取筛选后的数据，同 state 类似，Vuex 也暴露了 mapGetters 函数帮助我们获取 getters 方法，例如：

```
import { mapGetters } from 'vuex'

export default {
  // ...
  computed: {
    ...mapGetters([
      'getTexts'
      // ...
```

```
      ])
    }
  }
```

9.8.3　Mutations

Mutations 的触发方式发生了变化，取消了原先的 dispatch 接口，而替换成了 store.commit（type，data）的方式进行触发。声明的方式没有发生变化，依旧是实例化 Vuex.Store 的时候传入 mutations 对象，例如：

```
const store = new Vuex.Store({
  state: {
    items:
  },
  mutations: {
    add (state, item) {
      state.items.push(item);
    }
  }
})
```

与 Vue.js 1.0 不同的是，Vue.js 2.0 中并不再强制组件内必须使用 actions 的函数并 dispatch 后才能间接调用 mutations，而是组件内可以直接调用 mutations 方法，即 this.$store.commit('add', item)，或者只传递一个选项参数，包含 type 属性即可，例如 this.$store.commit({ type : 'add', item : item })。从某种程度上说，简化了对 state 更新的流程。但需要注意的是，mutations 中的操作只能为同步操作，如果需要获取异步数据，则必须使用 actions 来进行处理。

同样，我们也可以使用 Vuex 的 mapMutations 方法来简化调用方式：

```
import { mapMutations } from 'vuex'

export default {
  // ...
  methods: {
    ...mapMutations({
      'add'
    })
  }
}
```

9.8.4　Actions

同 Getters 类似，Actions 在 Vue.js 2.0 中也归入到了 Vuex.Store 选项中，我们在实例化的时候也需要传入 actions 参数，例如：

```
const store = new Vuex.Store({
  state: {
    items: []
  },
  mutations: {
    add (state, item) {
      state.items.push(item)
    }
  },
  actions: {
    add (context) {
      context.commit('add')
    }
  }
})
```

其中actions参数context主要包含了commit、dispatch、state和getters属性，调用commit即可触发mutations函数，使用dispatch则可继续触发其他actions函数。mapActions用法与上述类似：

```
import { mapActions } from 'vuex'

export default {
  // ...
  methods: {
    ...mapActions([
      'add'
    ])
  }
}
```

从context的dispatch方法可以看出，actions支持多个action的组合使用，并且经常会使用到异步请求获取服务端数据，我们可以在action函数中返回Promise对象来处理这种情况。例如：

```
actions: {
  actionA ({ commit }) {
    return new Promise((resolve, reject) => {
      setTimeout(() => {  // 模拟了异步请求获取数据
        commit('someMutation')
        resolve()
      }, 1000)
    })
  }
}
```

然后在其他 action 中就可以这么调用：

```
actions: {
  // ...
  actionB ({ dispatch, commit }) {
    return dispatch('actionA').then(() => {
      commit('someOtherMutation')
    })
  }
}
```

9.8.5 Modules

最后说明下 Vue.js 2.0 中 State 的分模块处理方式，每个模块都可以包含自己的 state、mutations、actions 和 getters，Vuex 也会给它们多暴露一个 rootState 的参数，可以用于访问底层的 state 对象。大致的使用方法如下：

```
const moduleA = {
  state: { ... },
  mutations: { ... },
  actions: { ... },
  getters: { ... }
}

const moduleB = {
  state: { ... },
  mutations: { ... },
  actions: { ... }
}

const store = new Vuex.Store({
  modules: {
    a: moduleA,
    b: moduleB
  }
})
```

在子模块中的 getters、mutations 和 actions 中，获取的 state 皆为子模块本身的 state，而底层模块的引用将会暴露在 action 的 context.rootState 和 getter 的第三个参数中，例如：

```
const moduleA = {
  // ...
  actions: {
    actionA ({ state, commit, rootState}) {
      // ..….
    }
```

```
    }
  }
  const moduleA = {
    // ...
    getters: {
      getSth (state, getters, rootState) {
        // ......
      }
    }
  }
```

第10章 跨平台开发：Weex

移动端开发，特别是 hybrid 这类技术是现在前端绕不过去的一个话题。在 2011 年，phoneGap（现改名 cordova）这个打包工具就已问世，它能把 Web 项目打包成 native app，可以在 ios，android，甚至于 wp 上运行。随着 angularjs，reactjs 的面世，这类 hybrid 技术也有了各自结合的方式，有基于 angularjs+cordova 的 ionic，ReactNative 更是异常火爆。而阿里集团在 2016 年 6 月份也开源了采用 Vue.js 核心源码的 weex，在语法上更贴近 Web 开发，从公布的数据来看，在性能上对比其他同类技术也有一定优势。

10.1 Weex简介

Weex 作为一项跨平台技术，建立了一套源码转化及 native 与 JS 通信的机制。在开发阶段，我们可以在 .we 文件中编写 <template>、<style> 和 <script> 标签，weex 提供的转化器可以将其转换成 JS Bundle，并部署在服务器端以响应客户端的请求。当客户端接收到这些 JS Bundle 后，又可以被客户端中的 JS 引擎调用，用于管理 Native 视图的渲染、API 的调用以及处理用户的交互。图 10-1 即为 weex 官网给出的整体流程图。

其中 JS Framework 提供了模块注册、虚拟 DOM、Native 通信等功能。当 JS Bundle 从服务器下载后，将会被注册成模块，并编译成虚拟 DOM，发送渲染指令给 Native。而 iOS、Android 和 H5 分别具有自己的渲染引擎，也就能将同一段代码分别在不同的端展示成相同的样式，并进行事件绑定，处理用户的交互。由于采用的方案是渲染成 Native 视图，所以在性能上会比传统的 webview 打包方式要好。但相应的，对于 Web 前端开发者来说并不能使用所有 HTML 中的特性，因为这些特性都需要 iOS 或 Android 渲染引擎的支持，如果尚未支持的话，在 Native 端其实并不能展现出预期的效果。

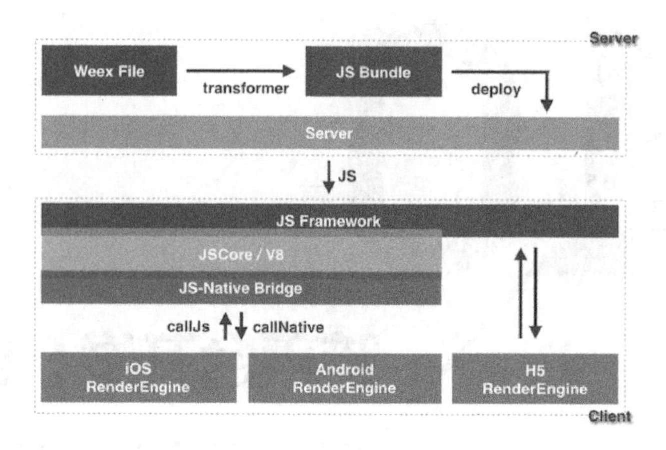

图10-1

10.2　Weex安装

首先需要下载 weex 代码。在 https://github.com/alibaba/weex 网站上下载，可以选择 v0.6.1 版本。在 ios 和 android 中启动 weex 分别需要安装各自的环境。

10.2.1　ios环境安装

weex 所需的 ios 环境安装步骤如下：

① 安装 xcode，可从 app store 中下载。

② 安装 CocoaPods（ios 开发的第三方资源管理工具，类似于 npm）。

需要先安装 ruby，mac 默认自带 ruby，但版本不一定够高，可以通过 rvm（类似于 nvm，同时管理多版本环境）更新 ruby。选择 2.3.0 版本即可正常安装 CocoaPods。

选择 2.3.0 版本即可正常安装 CocoaPods。安装命令为：sudo gem install cocoapods

③ 进入 weex 目录下 ios/playground，并运行 pod install，安装第三方资源，该过程比较长，请耐心等待。

④ 用 xcode 打开 WeexDemo.xcwork space。

⑤ 单击“运行”即可看到官方的 demo，如图 10-2 所示。

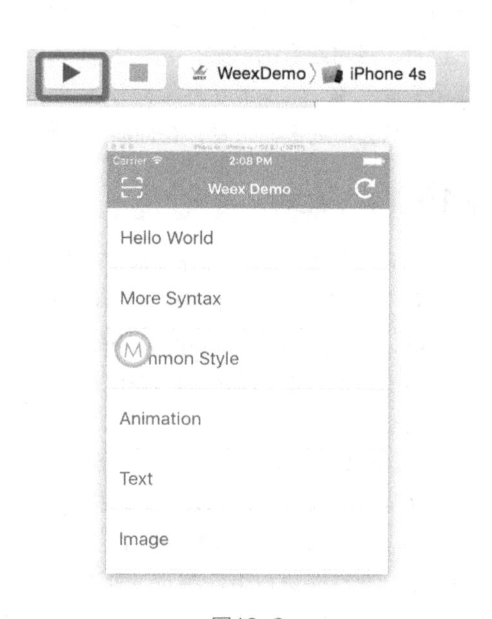

图10-2

10.2.2 android环境安装

android 环境安装步骤如下：

① 下载安装 JDK 和 Android Studio。

② 用 android studio 打开 android/playground。

③ 首次可能会有些安装包没有装好，打开 SDK manager，确保图 10-3 中这几个包安装好，以及对应的 android SDK。

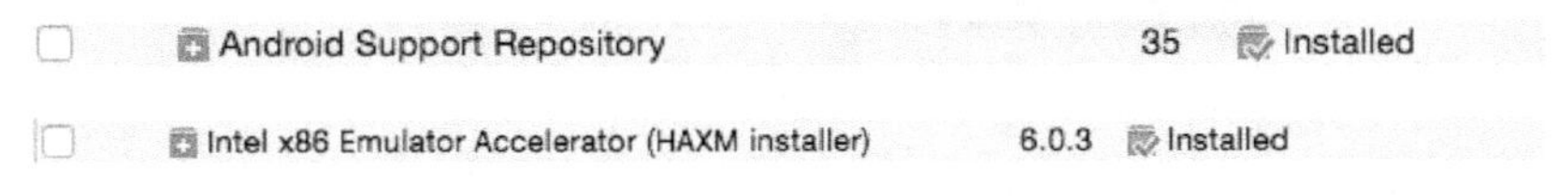

图10-3

④ 安装成功后，单击运行，如图 10-4 所示。

图10-4

⑤ 即可看到官方样例，如图 10-5 所示。

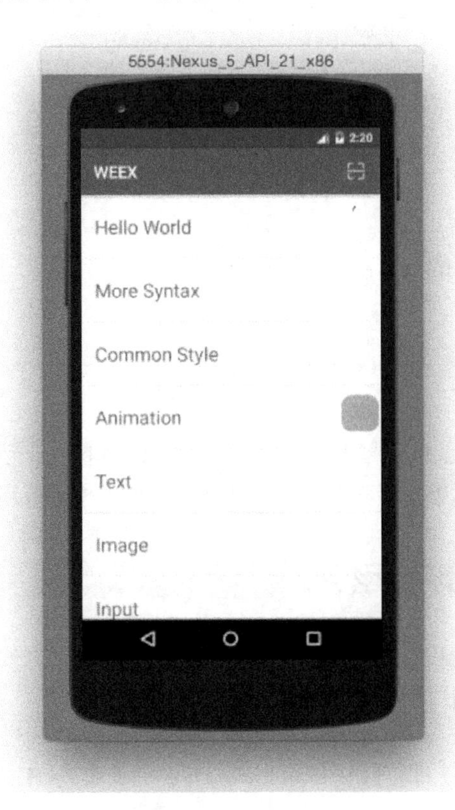

图10-5

10.2.3　web端运行

weex 同样也支持在 web 端直接运行，步骤如下：

① 在 weex 代码根目录下运行 ./start。

② 通过浏览器访问 http://127.0.0.1:12580/，如图 10-6 所示。

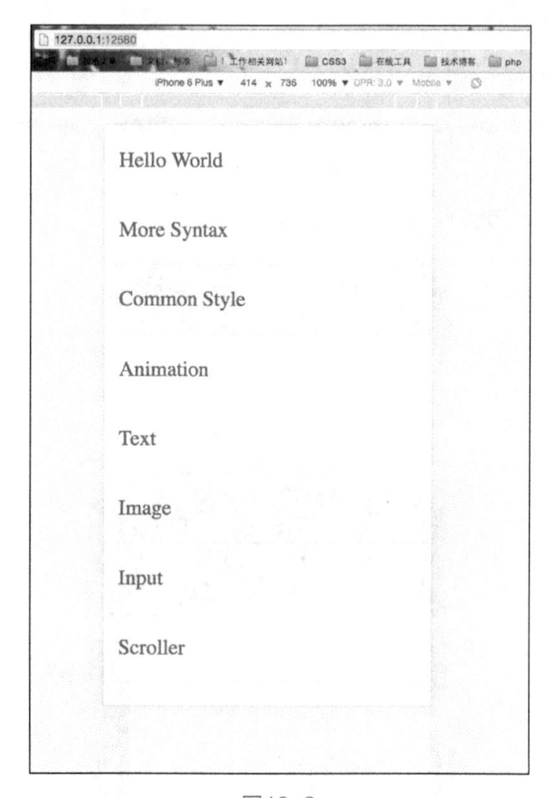

图10-6

这样三端的环境基本就搭建起来了，我们可以先在 Web 中进行开发，达到一定的效果后就可以使用 ios 和 android 模拟器观察 native 下页面的展示和效果。

10.3　Weex实例与运行

weex 开源代码目录下的 exapmles 给用户提供了不少已经写好的实例，可以先通过 hello.we 这个样例简单介绍下 weex 的开发。

如第 10.2 节所述，在 weex 根目录下运行 ./start 时，可以通过浏览器访问到官网提供的样例，单击“Hello World”即可跳转到 hello.we 对应的页面，如图 10-7 所示。

图10-7

hello.we 代码如下：

```
<template>
  <div>
    <text style="font-size:100px;">Hello World.</text>
  </div>
</template>
```

基本语法与 .vue 和 vue-loader 类似，也是在一个文件中通过 template、style、script 标签包裹对应的 html、css、js 结构。weex 也提供了多个内置标签，例如本例中的 text，来进行页面的布局。

我们可以试着对 hello.we 进行以下修改，增加一些样式和 js 方法。

```
<template>
  <div>
    <text class="title">{{ msg }}</text>
    <!—
       weex 内置 button 标签
       onclick 为绑定事件语法
       type 和 size 分别对应了 button 内置的样式
    -->
     <wxc-button value="alert" onclick="alert" type="primary" size="middle">
</wxc-button>
  </div>
</template>

<script>
  // 引入 weex 的内置组件，本例中主要是为了使用 wxc-button 标签
  require('weex-components');

  // 输出的对象与 Vue.js 类似，符合 Vue.extend 属性的构建器对象
```

```
  module.exports = {
    data : {
      msg : 'Hello Weex'
    },
    methods : {
      alert : function() {
        alert(this.msg);
      }
    }
  };
</script>

<style>
  .title {
    font-size: 100px; text-align: center;
  }
</style>
```

刷新浏览器页面，即可看到效果，如图 10-8 所示。

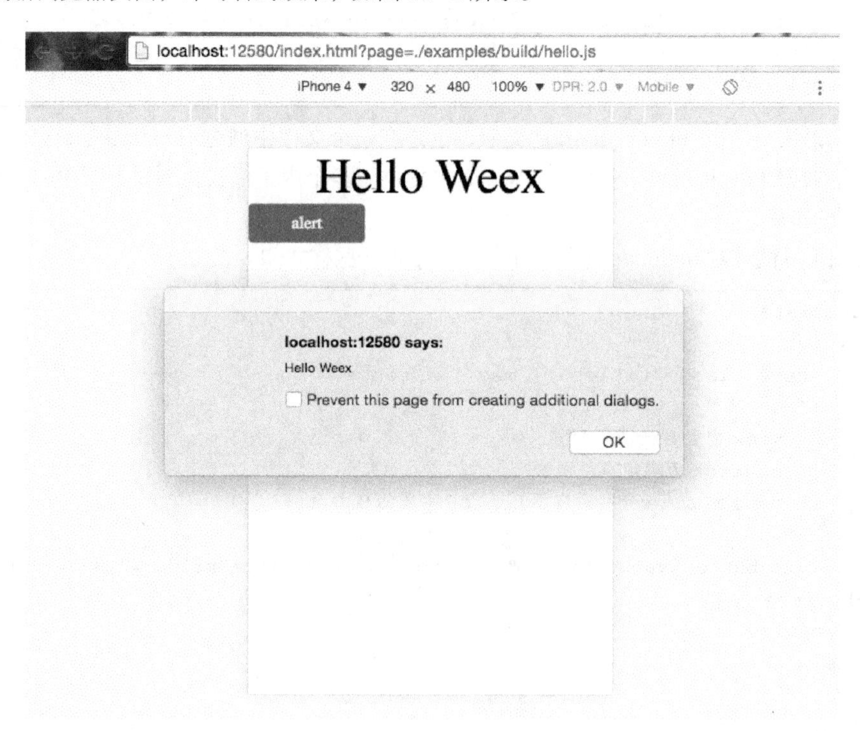

图10-8

如果需要在 ios 或 android 环境中运行程序，看到实际效果的话，我们有两种方式：

① 修改 ios 或 android 应用的 jsbundle 的 ip 访问地址，即 native app 实际调用的 js bundle是在你当前机器启动的服务上的。ios对应的修改文件为DemoDefine.h，将其中的#define CURRENT_IP @"your computer device ip"，修改为自己机器的局域网的ip即可；android则修改app/java/com.alibaba.weex/IndexActivity文件中的private static String CURRENT_IP= DEFAULT_IP

② 首先安装weex的开发工具weex-toolkit：npm install -g weex-toolkit。

然后在手机上安装weex官网提供的android或ios的playground应用。

在weex根目录下运行命令weex examples/hello.we - qr。

然后用手机的playground扫描这个二维码（pc和手机需要在同一wifi下），即可在手机上看到效果，如图10-9所示。

图10-9

10.4　Weex基础语法

Weex 的语法与 Vue.js 类似，只不过指令都去掉了 v- 这个前缀，本节简单介绍一下 Weex 的基础用法，主要包含数据绑定、事件绑定和模板逻辑这三个方面。

10.4.1　数据绑定

Weex 的数据绑定也是采用 {{}} 作为标记，同时也支持语法表达式和计算属性，暂不支持 watch 和 model 特性，如果需要同步用户的输入数据，需要在 oninput 或者 onchange 上手动修改数据。

```
<template>
  <div>
    <!—普通绑定 -->
    <text class="title">{{ msg }}</text>
    <!—支持表达式 -->
    <text>{{ prefix + '-' + msg }}</text>
    <!—使用计算函数 -->
     <input type="number" class="input" value="{{yuan}}" onchange=
"changePrice" />
  </div>
</template>
<script>
  require('weex-components');

  module.exports = {
    data : {
      msg : 'Hello Weex',
      prefix : 'ali',
      price : 100,
    },
    computed : {
      yuan : {
        get : function() {
          return (this.price / 100).toFixed(2);
        },
        set : function(value) {
          this.price = value * 100;
        }
      }
    },
    methods : {
      changePrice : function(e) {
        this.yuan = e.value;
      }
```

```
    }
  };
</script>
```

10.4.2 事件绑定

Weex 的事件绑定直接采用的是行内绑定，例如：

```
<template>
  <wxc-button value="alert" onclick="alert('arg', $event)" type=
"primary" size="middle"></wxc-button>
</template>

<script>
  module.exports = {
    methods: {
      alert: function (arg1, e) {
        // TODO
      }
    }
  }
</script>
```

$event 对象中主要包含了 3 个属性。

① type：触发事件的名称。

② target：触发事件的元素。

③ timestamp：触发时间。

10.4.3 模板逻辑

Weex 中采用 if 和 repeat 属性来进行模板的逻辑控制，使用方法如下：

```
<template>
  <container>
    <text onclick="toggle">Toggle</text>
    <image src="..." if="{{shown}}"></image>
  </container>
  <container>
    <container repeat="{{list}}" class="{{gender}}">
      <image src="{{avatar}}"></image>
      <text>{{nickname}}</text>
    </container>
  </container>
</template>
```

其中 repeat 也支持 {{v in list}}、{{(k，v) in list}} 的写法，以及 $index 属性获取数组序列。

10.5 Weex内置组件

Weex 自身提供了不少内置的组件，对于一些电商类、新闻类应用来说提供了不错的支持。我们只需要调用组件并设置相关的属性就可以生成三端都能使用的视图功能，极大提升了开发效率。本节主要介绍 weex 组件的公共属性及事件，以及部分组件的属性及使用方式。

10.5.1 scroller

scroller 组件可以包含多个子组件，如果子组件的高度总和超过了 scroller 本身的高度，即可滚动子组件。

```
<template>
  <scroller>
    <div repeat="{{list}}">
      <text>{{name}}: ${{price}}</text>
    </div>
  </scroller>
</template>

<script>
  module.exports = {
    data: {
      list: [
         {name: '...', price: 100},
         {name: '...', price: 500},
         {name: '...', price: 1.5},
         ...
      ]
    }
  }
</script>
```

scroller 组件还可以包含 refresh 和 loading 子组件，用于提供下拉刷新和上拉加载更多这两个功能。我们以 loading 为例：

```
<loading class="loading-view" display="{{loading_display}}" onloading=
"onloading">
  <loading-indicator style="height:60;width:60" ></loading-indicator>
</loading>
<script>
  require('weex-components');
```

```
  module.exports = {
    methods: {
      onloading: function(e) {
        var self = this;
        self.loading_display = 'show';
        setTimeout(function () {
          self.loading_display = 'hide';
        }, 1000)
      }
    },
    data: {
      refresh_display: 'hide',
      loading_display: 'hide',
      sections: [
      …….
      ]
    },
  }
</script>
```

组件提供 onloading 事件和 display 属性，用于控制显示 loading 组件，并处理 loading 中执行的业务逻辑。

10.5.2 list

list 即为常用的列表组件，可以包含 header、cell、refresh、loading 组件。其中 cell 组件为 list 元件，用于展现列表元素的属性及行为。refresh 和 loading 组件效果与 scroller 类似。

```
<template>
  <div>
    <list class="list">
       <cell class="row" repeat="{{rows}}" index="{{$index}}">
         <div class="item">
           <text class="item-title">row {{id}}</text>
         </div>
       </cell>
    </list>
  </div>
</template>
<script>
  require('weex-components');
  module.exports = {
    data: {
      rows:[
        {id: 1}, ….. , {id: 29}
      ]
```

```
    }
  }
</script>
```

10.5.3 Switch

Switch 是用于模仿 iOS 风格的一个开 / 关插件，主要的属性为 checked，可以通过数据绑定来控制开关。组件也提供了 onchange 事件，传递当前组件的状态和事件的发生时间。

```
<switch checked="{{checked}}" onchange="onchange"></switch>
<script>
  require('weex-components');

  module.exports = {
    data : {
      checked : false,
    },
    methods : {
      onchange : function(e) {
        console.log(e);
      }
    }
  };
</script>
```

默认样式如图 10-10 所示。

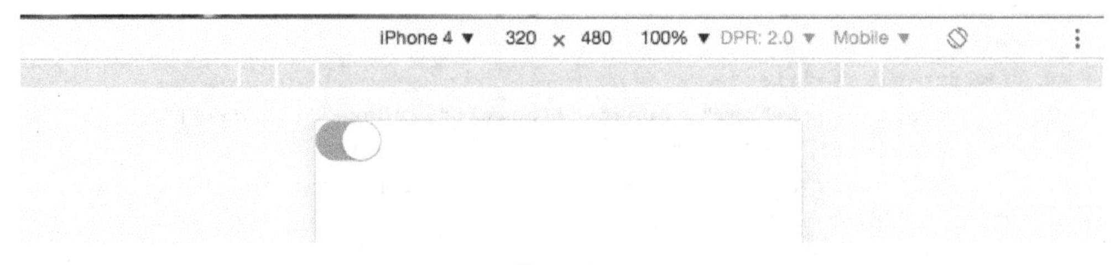

图10-10

10.5.4 Slider

Slider 组件提供了轮播图的效果，通过属性 auto-play 可以设置是否自动播放，interval 则可以设定每个页面停留的时间。组件中可以包含子组件 indicator，用于标记轮播序列，indicator 自身也提供大小、颜色、选中状态属性的修改。页面切换时，可以监听 onchange 事件，获取当前页面的序号。

```
<template>
  <div>
    <slider auto-play="true" onchange="change" >
       <image repeat="{{imageList}}" src="{{src}}" ></image>
       <indicator></indicator>
    </slider>
  </div>
</template>

<script>
  require('weex-components');
  module.exports = {
    data: {
      imageList: [{src: '...'}, {src: '...'}]
    },
    methods: {
      change: function (e) {
      }
    }
  }
</script>
```

官方 demo 中 slide 实例的展示如图 10-11 所示。

图10-11

10.5.5 wxc-tabbar

wxc-tabbar 组件主要模拟了 native app 的底层 tab 切换的样式及功能。我们可以先看一下 wxc-tabber 的 demo 效果，如图 10-12 所示。

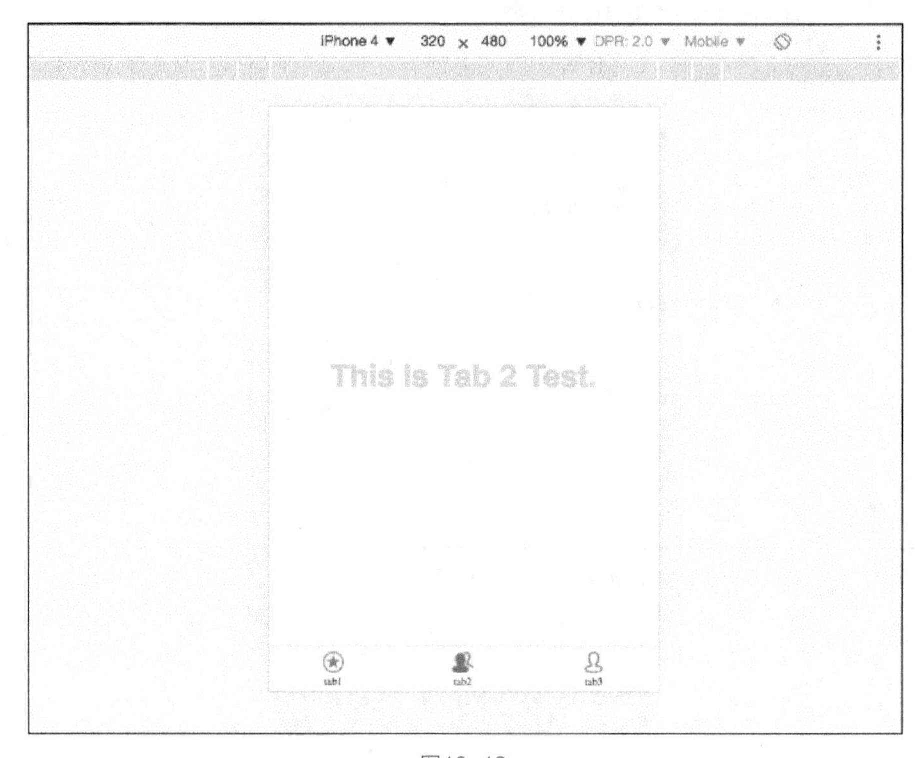

图10-12

wxc-tabbar 主要提供了底部 tab 图标的展示和控制，而每个 tab 都会对应一个内容组件，而这个内容组件则由使用者自己定义路径进行引用，wxc-tabbar 并不关心当前 tab 内容的展示。以下面代码为例：

```
<template>
  <div style="flex-direction: column;">
    <wxc-tabbar tab-items = {{tabItems}}></wxc-tabbar>
  </div>
</template>
require('weex-components');
  module.exports = {
    data: {
      tabItems: [
        {
          index: 0,  // tab 的顺序
          title: 'tab1',  // tab 名称
```

```
            titleColor: '#000000',  // tab 名称字体颜色
            icon: '',   // 必填项，即使属性为空
            image: '',   // tab 图标
            selectedImage: '', // tab 选中图标
            src: 'component/tabbar/tabbar-item.js?itemId=tab1', // 内容组件地址
            visibility: 'visible'   // tab 当前显示状态
         },
         ......
      ]
   }
}
```

除了 tab-items 以外，wxc-tabbar 还有 selected-color 和 unselected-color 两个属性，用于控制 tab title 在选中和未选中时的字体颜色。另外，我们可以在 create 或 ready 钩子函数中监听 tabBar.onClick 事件，点击 tab 切换时 wxc-tabbar 会向上冒泡这个事件，例如：

```
methods: {
  ready: function (e) {
    var vm = this;
    vm.$on('tabBar.onClick',function(e){
      console.log(e)
    });
  }
}
```

10.5.6 wxc-navpage

wxc-navpage 模拟了 native app 顶部导航的效果，具体的效果和使用代码如图 10-13 所示。

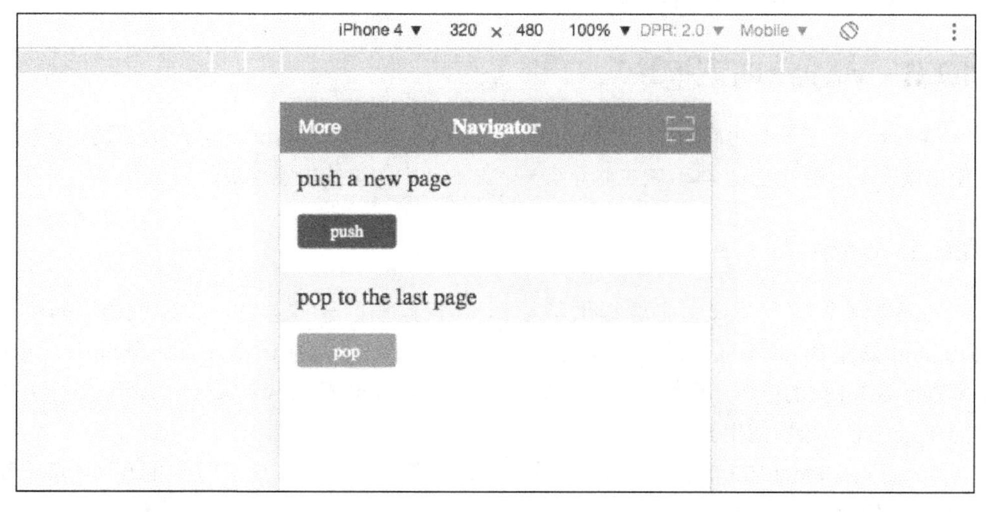

图10-13

```
<wxc-navpage data-role="none" height={{navBarHeight}}
   background-color="#ff5898" title={{title}} title-color="white" left-item-title="More"
   left-item-color="white"  right-item-src="…">
        ……
</wxc-navpage>
```

wxc-navpage 基本靠属性进行样式及按键的控制，也仅提供了左侧和后侧各一个按键的空间。具体的使用属性如下。

height：顶部导航高度。

background-color：导航背景色。

title：导航名字。

title-color：导航字体颜色。

left(right)-item-title：左（右）按键名字。

left(right)-item-color：左（右）按键字体颜色。

left(right)-item-src：左（右）按键图标。

同 wxc-tabbar 类似，wxc-navpage 也提供了向上冒泡的事件，分别为 naviBar.leftItem.click 和 naviBar.rightItem.click，我们只需要在页面中 $on 监听这两个事件，就可以处理用户点击导航左右按键的逻辑。

小结

除了上述组件之外，weex 还提供了 text、image、a、video、input、web 等内置组件，具体的用法和实例可以参考 https://alibaba.github.io/weex/doc/components/main.html 网站中的官方文档。整体来说组件对常规的业务开发有一定的支持，但如果需要一些定制化的修改，目前看起来可能还不大方便。

10.6　Weex内置模块

Weex 内置了一些功能模块，可以通过 require（‘@weex-module/**）的方式引用进来，并使用该模块的相关 api。本节就主要介绍一下 Weex 中的这些内置模块及其作用。

10.6.1　dom

dom 模块，顾名思义，主要提供了对 DOM 树操作的一些方法。和传统浏览器中的 document 操作 DOM 不同的是，该模块 API 是将 vitrual-dom 中的消息发送到 native 渲染器来进行 DOM 树的更新，而且该模块中仅 scrollToElement 可在 .we 文件中执行，其余方法仅能被 native 渲染器使用。

scrollToElement(node，options)：让页面滚动到对应节点，该 API 仅能在 scroller 和 list 组件中使用。

node：需要滚动到的节点。

```
options : {
  offset : Number // 滚动到节点的偏移距离，默认为 0
}
```

具体的使用方法如下：

```
var dom = require('@weex-module/dom');
module.exports = {
  methods: {
    scroll: function () {
      dom.scrollToElement(this.$el('someId'), {offset: 10});
    }
  }
}
```

10.6.2 steam

steam 模块主要提供的是网络请求方法，类似于 ajax 和 vue-resource 的角色。具体方法和参数如下：

```
var stream = require('@weex-module/ stream);
stream.fetch({
  method: 'GET',  // HTTP 请求方法
  url: "….",      // HTTP 请求地址
  type:'json',     //  request 请求类型
  body: { … },    // HTTP body 数据结构
  headers: { … } // HTTP 头部属性
}, function(response) {  // 请求完成回调函数
  /**
  response {
     status(number)  // response 的状态码
     statusText(string)  // response 的状态描述
     ok(boolean)  // 状态码在 200 ~ 299 值为 true
     data(object)  // response 的返回数据
     headers(object)  // response 的 headers 对象
  }
  */
},function(response){   // 请求过程回调函数
  /**
  response {
     readyState(number) // 当前请求的状态值
     status(number)：// response 状态值
     length(number)： // 已接受的数据长度
     statusText(string)：// response 状态描述
```

```
    headers(object): // response headers 对象，包括数据总长度
  }
  */
});
```

10.6.3　modal

modal 模块主要提供了模态框的相关功能，主要包含 toast、alert、confirm、prompt 4 种类型。

toast 类型使用方法如下：

```
var modal = require('@weex-module/modal');
modal.toast({'message': 'I am toast!', 'duration': 1});
```

其中 duration 为 toast 模态框的显示时间，之后会自动消失。

alert 类型使用方法如下：

```
modal.alert({
  message: 'alert modal',
  okTitle: 'ok'
}, function() {
  // 单击确认按钮后的回调函数
})
```

效果如图 10-14 所示。

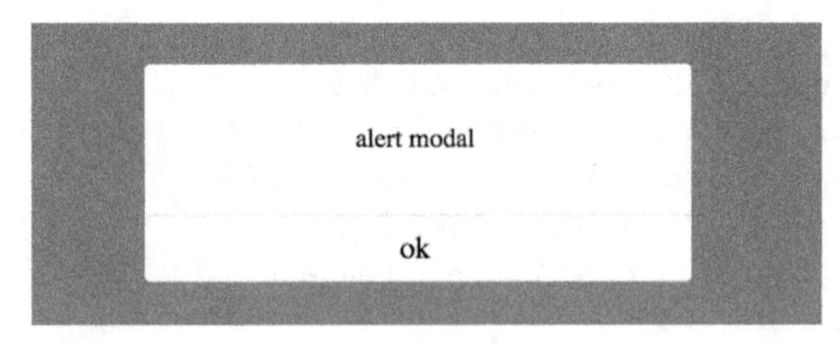

图10-14

confirm 类型使用方法如下：

```
modal.confirm({
  message: 'confirm modal',
  okTitle: 'ok',
  cancelTitle: 'cancel'
}, function(result) {
```

```
  // 单击按钮后的回调函数，result 值为 okTitle 或 cancelTitle 的值
});
```

效果如图 10-15 所示。

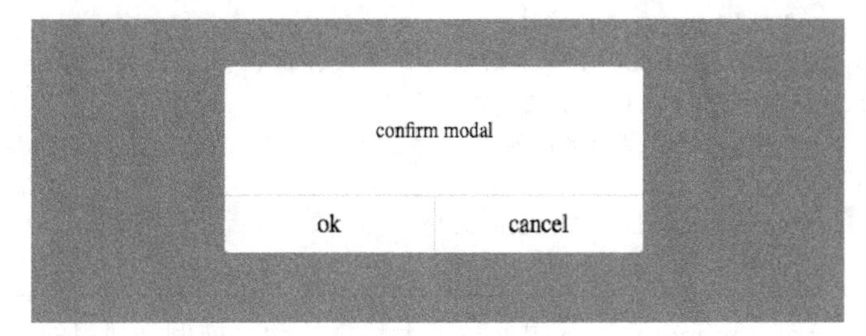

图10-15

prompt 类型使用方法如下：

```
modal.prompt({
  message: 'prompt modal',
  okTitle: 'ok',
  cancelTitle: 'cancel'
}, function(res) {
  console.log(res.result + ', ' + res.data);
  // res.result 为 ok(cancel)Title 的值，res.data 为输入值
});
```

效果如图 10-16 所示。

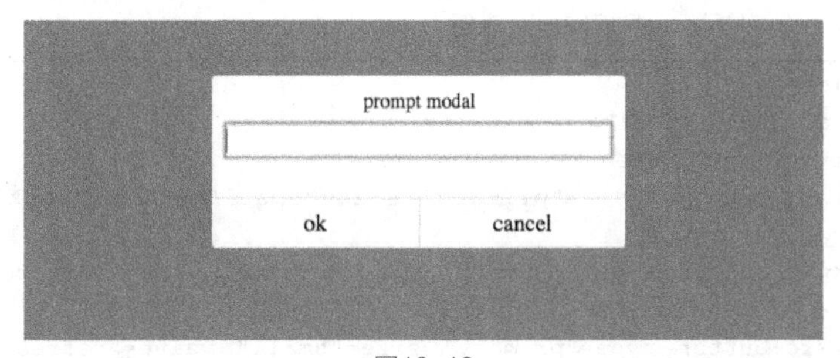

图10-16

10.6.4 animation

animation 提供了动画相关的功能，方法名为 transition，目前支持 translate、rotate 和 scale 三种变化形式。具体的使用方式如下。

api 示例：transition(node, options, callback)。

```
var animation = require('@weex-module/animation');
animation.transition(testEl, {
  styles: {
```

```
        color: '#FF0000',  // 动画结束后元素颜色
        transform:'translate(1, 1)',  // 动画效果，包括 translate/rotate/scale 3 种方式
        transformOrigin: 'center center' // 动画源点
      },
      duration: 0, //ms  动画持续时间
      timingFunction: 'ease', // 动画时间函数，值包括 linear/ease-in/ease-out/
ease-in-out/cubic-bezier(x1,y1,x2,y2)
      delay: 0 //ms，动画延迟开始时间
    }, function () {
      console.log('animation finished.')
    })
```

weex 的 example/animation.we 中列举了大部分的动画样例，利用的是 this.$call 方式调用 animation 模块：

```
    this.$call('animation', 'transition', this._ids.block.el.ref, {  //
$call 第一个参数为模块名，第二个参数为函数名
      styles: styles,
      timingFunction: timingFunction,
      duration: duration
    }, callback);
```

10.6.5　webview

webview 模块主要用于控制 web 组件的路径变化，类似于 location，提供了 goBack、goForward 和 reload 方式。具体使用方式如下：

```
    <template>
      <div class="wrapper">
        <div class="toolbar" append = “tree">
          <wxc-button type="primary" size="small" value="back" onclick=
"goback"></wxc-button>
          <wxc-button type="primary" size="small" value="forward" onclick=
"goforward"></wxc-button>
          <wxc-button type="primary" size="small" value="refresh" onclick=
"refresh"></wxc-button>
        </div>
        <web class="content" id="webview" src='https://m.taobao.com/?spm=
0.0.0.0&v=0#index' ></web>
      </div>
    </template>
    <script>
        require('weex-components');
        var $webview = require('@weex-module/webview');
        module.exports = {
          methods: {
```

```
        goback: function() {
          var webElement = this.$el('webview');
          $webview.goBack(webElement.ref);
        },
        goforward: function() {
          var webElement = this.$el('webview');
          $webview.goForward(webElement.ref);
        },
        refresh: function() {
          var webElement = this.$el('webview');
          $webview.reload(webElement.ref);
        }
      }
    }
</script>
```

三种方法都需要接受 web 组件的引用作为参数方可执行。

10.6.6 navigator

navigator 模块提供了组件间跳转的方法，类似于浏览器的 history，通过 push 和 pop 方法来控制页面的载入和退出。具体使用方法如下：

```
push({ url : '', animated : true}, callback)
```

push 方法支持的参数包含载入页面的 url 和 animated 是否使用动画，callback 则在页面载入完成之后执行。

pop({ animated : true }, callback)，pop 方法与 push 方法类似，只不过第一个参数对象只包含 animated 属性，不需要传入 url。

weex 的 examples/component/navigator-demo.we 给出了实例：

```
methods: {
  push: function() {
    var vm = this;
    var params = {
      'url': this.baseURL + 'component/navigator-demo.js?test=1',
      'animated' : 'true',
    }
    vm.$call('navigator','push',params, function () {});
  },

  pop: function() {
    var vm = this;
    var params = {
      'animated' : 'true',
    }
```

```
    vm.$call('navigator','pop',params, function () {});
  },
}
```

10.6.7 storage

storage 模块提供了本地存储的功能，可供调用的 api 方法如下：

① setItem(key, value, callback)，设置 key/value 属性。

② getItem(key, callback)，获取 key 的 value 值。

③ removeItem(key, callback)，删除 key 的 value 值。

④ length(callback)，获取 storage 的长度。

⑤ getAllKeys(callback)，获取 storage 的所有值。

所有操作所获取的值都通过 callback 中的参数对象的 data 属性来传递，例如：

```
var storage = require('@weex-module/storage');
storage.setItem('key', 'test', function(e) {
   // e 对象包含 result 和 data 属性，result 为函数调用是否成功，data 则包含函数的返回值
});
storage.getItem('key', function(e) {
   console.log(e.data);
});
```

小结

Weex 提供的跨平台解决方案，与 Vue.js 一起添加了生态圈上新的一块。和 Reactjs 与 React-Native 这样的组合类似，Vue.js 的开发方式和 api 设计也进入了移动端的开发范畴，也使得 web 前端开发者能在新的领域扩展自己的作用。目前来说，weex 提供了 3 种工作模式：①类似于 React-Native，支持单页使用或整个 App 使用 Weex 开发，但目前还缺少路由和生命周期管理；②把 Weex 当作一个 iOS/Android 组件来使用，手机淘宝的首页、主搜结果、交易组件化等都采用此种解决方案，页面主页也比较稳定，并且能够实现热更新，这对需求变更比较大的页面来说省去了频繁发版的麻烦；③在 H5 中使用 Weex，利用组件直接进行页面开发，但对于一些复杂页面和交互性强的页面说来还不是很适用。

第 11 章

Vue.js 2.0新特性

Vue.js 2.0 版本已于 2016 年 10 月 1 日正式发布，除了在原有的基础上进行调整外，还加入了不少新的特性。本章主要介绍两个方面，Render 函数和服务端渲染。Render 函数给开发者提供了自由度更高的模板编程能力，而不仅仅局限于之前的 v-if/v-else 指令。服务端渲染则为 SPA 项目提供了有利于 SEO 和网络情况慢的解决方案，弥补了纯粹前端渲染的一些弊端。

11.1 Render函数

一般我们在编写组件时，通常采用 template 来创建 HTML 结构。这种写法的好处是直观、清晰，对于写惯页面的用户来说，直接就能使用。但对一些复杂场景，template 中的 v-if/v-else 和 slot 就可能显得不够用了。例如我们想通过参数来控制模板中生成的组件，调用接口可以定义为 <my-component type='text'></my-component>，一般可能会这么编写模板：

```
<div>
  <Text v-if='type == 'text"></Text>
  <Image v-if='type == 'image"></Image
  ……
</div>
```

这种写法显然不是很合适，随着需要控制的组件的增多，这个 template 会被不断修改，不停地增加 v-if 判断。而 Render 函数就可以解决上述问题，我们可以将上述组件改写成：

```
Vue.component('my-component', {
  render: function (createElement) {
    return createElement(
      require('./components/' + this.type)  // 动态引入子组件
    )
  }
})
```

这样就可以通过参数动态地加载组件选项，而不需要通过 v-if 去做一个个的判断，组件的加载也更加显得灵活。

11.1.1 createElement用法

Render 函数中主要提供了 createElement 方法，可以接受三个参数，这里主要介绍 createElement 的参数类型和用法。

1）组件类型：参数可以直接为 String，组件选项对象，以及返回值为 String 或组件选项对象的函数。例如：

```
createElement('div');
createElement({
  template : '…',
  data : {…}
})
createElement(function(){
  return 'div'
})
```

2）属性对象：第二个参数为可选参数，包含了组件所需的属性的对象集合，即大部分的 HTML 属性及 Vue.js 组件属性可以在此定义，完整的数据对象示例如下：

```
{
  // 同 'v-bind:class' 一致，可以是对象也可以是数组
  'class': {
    ……
  },
  // 同 'v-bind:style' 一致
  style: {
    ……
  },
  // 常规 HTML 属性
  attrs: {
    id: 'text'
  },
  // 组件 props 属性
  props: {
    type : 'text'
```

```
  },
  // DOM 属性
  domProps: {
    innerHTML: '……'
  },
  // 事件监听选项，使用 $on 绑定的事件
  on: {
    add: this.addHandler
  },
  // 原生事件监听选项
  nativeOn: {
    click: this.nativeClickHandler
  },
  // 自定义指令数组，每个数组元素即为指令的选项
  directives: [
    {
       name: 'my-directive',
       value: this.directiveValue
       ……
    }
  ],
  // 如果子组件有定义 slot 的名称
  slot: 'name-of-slot'
  // 其他特殊顶层属性
  key: 'myKey',
  ref: 'myRef'
}
```

3）子节点：该参数也为可选参数，类型为 String 或 Array，为组件内部子元素的集合。具体可接受的形式如下：

```
[
  createElement(MyComponent, {……}),
  'bar'
]
```

11.1.2 使用案例

在 Render 函数中，就没有 v-if 和 v-for 这样的指令来帮助我们编写模板了，所有的逻辑都会依靠 JavaScript 代码来完成。例如：

```
<ul v-if="items.length">
  <li v-for="item in items">{{ item.title }}</li>
</ul>
<div v-else>没有数据。</div>
```

在 Render 函数中，我们就需要写成：

```
render: function (createElement) {
  if (this.items.length) {
    return createElement('ul', this.items.map(function (item) {
      return createElement('li', item.title)
    }))
  } else {
    return createElement('div', '没有数据。')
  }
}
```

需要注意的是，所有的组件树中的 VNodes 必须唯一，例如上述例子如果将 li 修改成：

```
render: function (createElement) {
  var liVNode = createElement('li')
  return createElement('ul', [
    liVNode, liVNode
  ])
}
```

这样的 render 函数是无效的，liVNode 即为重复 VNode。

11.1.3 函数化组件

函数化组件是一个没有状态（data）和没有实例（this 上下文）的一种组件类型，只通过 render 函数进行渲染，以及 render 函数中新增的 context 参数来传递上下文。由于不存在状态和上下文，组件的渲染开销就比较低，常用于不含具体模板，但根据所传参数可以生成具体类型组件的情况（有点类似于 abstract class），使用方式如下：

```
Vue.component('my-component', {
  functional: true,
  // functional 设置为 true 后，render 提供第二个参数作为上下文
  render: function (createElement, context) {
    // ...
  },
  // Props 可选
  props: {
    // ...
  }
})
```

利用函数化组件，我们可以将本章中最初的例子改写为：

```
Vue.component('my-component', {
  functional: true,
  render: function (createElement, context) {
    return createElement(
      require('./components/' + this.type),
```

```
        context.data,
        context.children
      )
    }
  })
```

11.1.4 JSX

Render 函数的编写的确麻烦了很多，所以官方推荐了一款 Babel 的插件 babel-plugin-transform-vue-jsx，用来将 JSX 转化成 Render 可接受的返回值。

1. JSX

JSX 是 React 提供的一个语法方案，可以在 JavaScript 的代码中直接使用 HTML 标签来编写 JavaScript 对象。其使用的是 XML-like 语法，这种语法方案需要通过 JSXTransformer 来进行编译转换成真实可用的 JavaScript 代码。基本的语法规则为遇到 HTML 标签（以 < 开头），就用 HTML 规则解析；遇到代码块，即以 { 开头），就用 JavaScript 规则解析。例如：

```
import MyComponent from './MyComponent.vue';
render (h) {
  return (
    <MyComponent type={this.type}>
      ……
    </ MyComponent>
  )
}
```

2. babel-plugin-transform-vue-jsx

使用该插件需要先安装几个依赖包，安装步骤如下：

```
npm install\
  babel-plugin-syntax-jsx\
  babel-plugin-transform-vue-jsx\
  babel-helper-vue-jsx-merge-props\
  --save-dev
```

如果项目使用 webpack 配置的话，添加 loader，使用 babel：

```
loaders: [
  { test: /\.js$/, loader: 'babel', exclude: /node_modules/ }
]
```

并在 .babelrc 中添加插件：

```
{
  "presets": [ "es2015"],
  "plugins": [ "transform-vue-jsx"]
}
```

3. 具体用法

在第 11.1.1 小节中介绍了 createElement 参数的主要用法，在 JSX 中就可以直接写在 HTML 标签上，例如：

```
render (h) {
  return (
    <div
      // 样式属性
      class={{ active: true }}
      style={{ color: 'red', fontSize: '14px' }}
      id="text"
      // DOM 属性
      domProps-innerHTML="……"
      // 事件绑定
      on-add={this.addHandler }
      nativeOn-click={this.nativeClickHandler}
      // 特殊属性
      key="key"
      ref="ref"
      slot="slot">
    </div>
  )
}
```

小结

Render 函数为组件提供了一种更程序化的编写方法，但从开发角度来说还是增加了编写的成本，所以 Vue.js 2.0 对两种渲染方式都持开放态度，我们既可以使用 template 编写直观的 HTML 代码，也可以使用 render 函数提升组件的灵活性，各取所需。

11.2 服务端渲染

在 2.3 节中已经对比过了前后端渲染的各自特点，两种方式都有自己的适用场景。Vue.js 在 2.0 中加入了服务端渲染这个特性，使得我们能更灵活地进行选择。本节就主要介绍如何在 Vue.js 2.0 中使用服务端渲染（Server-Side Rendering）。

11.2.1 vue-server-renderer

Vue.js 的服务端渲染的基础用法非常简单，主要依赖于 Vue-server-renderer，由它提供了方法将 Vue.js 实例转化成 HTML 字符串形式。例如：

```
var Vue = require('vue')
var app = new Vue({
  // 实例模板可以使用 template 选项，也可以使用 render 函数
```

```
  /**
    render(h) {
      return h('h1', this.msg);
    }
  */
  template : '<h1>{{msg}}</h1>',
  data : {
    msg : 'hello world'
  }
})

var renderer = require('vue-server-renderer').createRenderer()

renderer.renderToString(app, function (error, html) {
  console.log(html)  // => <h1 server-rendered="true">hello world</h1>
})
```

11.2.2 简单实例

对于一个 Vue.js 页面来说，请求返回的 HTML 可以由服务端渲染好，但想要对这个页面进行对应的数据绑定、事件监听等行为，仍需要在浏览器里进行，也就是说同一个 Vue.js 实例既需要在服务端被用作渲染，又需要在浏览器端被实例化从而进行数据绑定。所以在编写 Vue 实例时，需要在代码中区分当前引用的是后端环境还是前端环境。我们会通过下面这个完整的例子来说明服务端渲染。

```
// static/app.js
(function () { 'use strict'
  var createApp = function () {
    return new Vue({
      template: '<div id="app"> \
          {{msg}} \
          <button @click="click">click</button>\
        </div>',
      data: {
        msg: 0
      },
      methods : {
        click : function() {
           alert(this.msg);
        }
      }
    })
  }
  // 判断当前环境是服务端环境还是浏览器环境
  if (typeof module !== 'undefined' && module.exports) {
    // 服务端环境，返回实例的构造函数
```

```
    module.exports = createApp
  } else {
    // 浏览器环境，直接进行实例化
    this.app = createApp()
  }
}).call(this)

// index.html
<!DOCTYPE html>
<html>
<head>
  <title>SSR</title>
  <script src="http://cdn.bootcss.com/vue/2.0.3/vue.min.js"></script>
</head>
<body>
  <div id="app"></div>
  <script src="/static/app.js"></script>
  <script>app.$mount('#app')</script>
</body>
</html>
```

接下来就是服务端代码，我们使用 NodeJS 的 express 作为服务端框架，使用前通过 npm install 进行安装。

```
// server.js
'use strict'
var fs = require('fs')
var path = require('path')
global.Vue = require('vue')
// 获取 index.html 布局
var layout = fs.readFileSync('./index.html', 'utf8')
var renderer = require('vue-server-renderer').createRenderer()
// 创建一个 Express 服务器
var express = require('express')
var server = express()

// 设置 "static" 文件夹为静态资源路径
server.use('/static', express.static(
  path.resolve(__dirname, 'static')
))
// 处理所有的 Get 请求
server.get('*', function (request, response) {

  renderer.renderToString(
    // 获取 app.js 的 Vue 实例
    require('./static/app')(),

    function (error, html) {
```

```
        if (error) {
          console.error(error)
          return response
              .status(500)
              .send('Server Error')
        }
        // 将渲染好的 HTML 插入替换 index.html 中，返回给浏览器
        response.send(layout.replace('<div id="app"></div>', html))
      }
    )
  })
  // 监听 3000 端口，通过 http://localhost:3000/ 访问应用
  server.listen(3000, function (error) {
    if (error) throw error
    console.log('Server is running at localhost:5000')
  })
```

11.2.3 缓存和流式响应

在服务端渲染时，我们可以从两方面考虑性能问题。第一，如何减少组件渲染成 HTML 字符串的时间，特别当这个组件会被经常使用；第二，经过服务端渲染后，请求返回的 HTML 显然会比采用前端渲染返回的数据量要大，如果能对传输过程进行优化，也将能减少服务端渲染的缺陷。

1. lru-cache

官方推荐了 lru-cache 配合 vue-server-renderer 使用，能够给渲染器提供一个缓存对象，可以提供高达 1000 个独立的渲染，使用方式也非常简单，例如：

```
var createRenderer = require('vue-server-renderer').createRenderer
var lru = require('lru-cache')
var renderer = createRenderer({
  cache: lru(1000)
})
```

而组件需要提供一个唯一的 name 和 serverCacheKey 函数，函数返回值中需要包含组件作用域内的数据且唯一，例如：

```
Vue.component({
  name: 'list-li',
  template: '<li>{{ item.name }}</li>',
  props: ['item'],
  serverCacheKey: function (props) {
    return props.item.name + '::' + props.item.id
  }
})
```

需要注意的是，尽量避免在缓存组件中依赖全局状态（例如 Vuex 中的状态），否则整个子树都将被缓存。我们可以在一些静态组件、列表组件及通用 UI 组件中使用缓存组件，有利

于提升渲染性能。

2. 流式响应

流式响应即服务器支持以流（Streaming）的形式传输数据，不需要等待整个 HTML 都被渲染后再传输数据，服务端可以做到边渲染边传输，节约服务器内存；而客户端则会更早地接收到页面的 <head> 部分，即能更早地加载所需的外部资源，并向用户展示出页面。服务器支持流式响应，也需要渲染器的配合，而 Vue.js 2.0 中就支持这一特性。我们可以将第 11.2.2 小节例子中的 server.js 文件做出如下修改：

将 layout 获取的 index.html 模板拆分成两段 HTML：

```
var sections = layout.split('<div id="app"></div>')
var headerHTML = sections [0]
var footerHTML = sections [1]
……
```

修改处理所有 get 请求函数为：

```
server.get('*', function (req, res) {
  // 利用 vue-server-renderer 提供的渲染器方法将 Vue 实例作为流
  var stream = renderer.renderToStream(require('./static/app')())
  // 将 HTML 头部先写入响应
  res.write(headerHTML)
  // 每当新的块被渲染后就立即写入响应
  stream.on('data', function (chunk) {
    res.write(chunk)
  })
  // 当所有块被渲染完成后，将 HTML 尾部写入响应
  stream.on('end', function () {
    res.end(footerHTML)
  })
  // 错误处理
  stream.on('error', function (error) {
    console.error(error)
    return response
      .status(500)
      .send('Server Error')
  })
})
```

我们可以增加模板的 DOM 数，利用 <li v-for=” n in 100000” >{{n}}</li>，这样就能比较明显地对比出来两种渲染传输方式的区别。

11.2.4 SPA实例

实际项目往往会比上述例子复杂得多，通常会包含多个页面及组件，这样就需要用到 vue-router 来进行路由控制；每次服务端渲染组件时，也都需要从数据库中获取真实数据；

本节主要从以下几个方面来说明实际项目中使用服务端渲染的注意点。

1. 入口文件分离

从第 11.2.2 节中的例子可以看到服务端和浏览器端所使用的 Vue.js 的状态并不相同，服务端需要整个应用的 Vue 实例，浏览器端则需要将 Vue 实例挂载到已渲染的页面上，并获取当前的组件状态，建立数据绑定等行为。当然，我们不可能写两套组件来分别满足这两端的需求，但却可以通过不同的入口文件来进行不同组件的操作，各取所需。

假设项目的结构如下：

```
├── build  // webpack 所需的配置
├── dist   // 编译后生成的文件位置
├── src
    ├── assets    // 静态资源文件
    ├── components    // 组件位置
    ├── router    // 路由控制，一般用 vue-router 实现
    ├── store     // 应用状态管理和数据接口封装
    ├── views    // 页面组件
    ├── app.js    // 根组件
    ├── app.vue    // 根组件模板
    ├── client-entry.js  // 浏览器端入口文件
    ├── server-entry.js  // 服务端入口文件
├── index.html
```

其中 client-entry.js 和 server-entry.js 分别就是两端的入口文件，client-entry.js 较为简单，代码如下：

```
require('es6-promise').polyfill()   // 引入 ES6 语法
import { app, store } from './app'
store.replaceState(window.__INITIAL_STATE__)  // 获取当前应用状态
app.$mount('#app')
```

server-entry.js 代码如下：

```
import { app, router, store } from './app'
  export default context => {
    router.push(context.url)  // 将 router 设置成当前环境下的 url
    // 手动匹配符合当前路由的组件
    return Promise.all(router.getMatchedComponents().map(component => {
       // 组件中需要定义 preFetch 函数，用于调用数据接口获取真实数据
       if (component.preFetch) {
        return component.preFetch(store)
       }
    })).then(() => {
    context.initialState = store.state  // 在上下文中保存应用状态
       // 获取完数据后，返回 app 实例
       return app
    })
  }
```

2. 数据接口

由于前端获取数据利用的是 XMLHttpRequest 对象，而后端 NodeJS 若要发起 HTTP 请求则需要利用自身的 HTTP 模块，两者的 api 方式并不完全相同，我们需要使用一个第三方库将两者的调用方式封装起来，使得在浏览器端的时候能使用 XMLHttpRequest，而在 NodeJS 环境中使用 HTTP 模块，避免重复编写两套不同的数据请求接口。

可以使用第三方库 axios 来封装 HTTP 请求，我们的数据接口可以写成如下：

```
// store/api.js
import axios from 'axios'

const defaults = {
  baseURL: '/api/'
}

Object.assign(axios.defaults, defaults)

export const fetchList = () => {
  return axios.get('/items')
}

export const fetchDetail = (id) => {
  return axios.get('/items/' + id)
}
......
```

3. 前后端状态统一

所谓前后端状态统一，其实就是服务端完成渲染后，需要将应用的状态（即获取的数据结构）传递给前端的 Vue.js 实例，使得能够进行数据绑定等初始化行为。由于用户在浏览器端是可以直接访问任意有效 url 的，也就是说服务端需要处理所有有效请求对应的组件，相当于要维护所有组件的状态，所以官方推荐引入 Vuex 来管理整体的组件状态。具体涉及的代码如下：

```
// ./store/index.js
import Vue from 'vue'
import Vuex from 'vuex'
import * as api from './api'

Vue.use(Vuex)

const store = new Vuex.Store({
  state: {
    list: [],
    detail: {}
  },
  actions: {
    FETCH_LIST ({ commit, state }) {
```

```
      return api.fetchList()
        .then(({data}) => {
          commit('SET_LIST', [ data ])
        })
    },

    FETCH_DETAIL ({ commit, state }, id) {
      return api.fetchDetail(id)
        .then(({data}) => {
          commit('SET_DETAIL', data)
        })
    }
  },
  mutations: {
    SET_LIST (state, data) {
      state.list = data
    },

    SET_DETAIL (state, data) {
      state.detail = data
    }
  }
})
export default store
```

app.js 中需要使用 vuex-router-sync，将 route 对象输入到 store 中，使得路由状态也能被追踪。

```
// app.js
......
import store from './store'
import { sync } from 'vuex-router-sync'
.......
sync(store, router) // 使用方法很简单，多添加这一句即可
......
```

在组件内我们需要这么处理：

```
// views/Detail.vue
const fetchDetail = store => {
  return store.dispatch('FETCH_DETAIL', store.state.route.params.id)
}
import {mapGetters, mapActions, mapState} from 'vuex'
export default {
  computed: mapState({
    detail : state => state.detail
  }),
```

```
  beforeMount () {
    fetchDetail(this.$store) // 前端切换路由到该页面时发起数据请求
  },
  preFetch: fetchDetail  // 供后端渲染时调用的接口
}
```

在前端的入口文件 client-entry.js 中有这么一句：

```
store.replaceState(window.__INITIAL_STATE__)
```

所以我们在传输 HTML 中，需要将服务端得到的应用状态利用 script 标签传递给 window 对象，具体代码如下：

```
……
const serialize = require('serialize-javascript')
……
const context = { url: req.url }
const renderStream = renderer.renderToStream(context)
let firstChunk = true
… …
renderStream.on('data', chunk => {
  if (firstChunk) {
    // 此处的 context 即是 server-entry.js 传入的 context 参数，
    // 服务端获取数据后，会把状态赋值在 context.initalState 上，然后通过 serialize 序列
化状态传递到 window 上
    if (context.initialState) {
      res.write(
        '<script>window.__INITIAL_STATE__=${
          serialize(context.initialState, { isJSON: true })
        }</script>'
      )
    }
    firstChunk = false
  }
  res.write(chunk)
})
……
```

小结

解决了上述几个问题后，基本上就完成了一个可以由后端渲染的 SPA 项目流程。同样，也可以利用 webpack 来搭建开发环境和编译可发布代码，具体的配置文件和服务器代码可以参考官方提供的样例 https://github.com/vuejs/vue-hackernews-2.0。